《智能科学技术著作丛书》编委会

智能科学技术著作丛书

多智能体机器人系统信息融合与协调

范 波 张 雷 著

科 学 出 版 社

北 京

内 容 简 介

多机器人系统是当前机器人技术领域的一个研究热点，具有多学科交叉融合的显著特点。本书以多机器人系统为研究背景，结合多智能体系统的体系结构以及协调与合作技术，针对多机器人系统中的信息融合，对多机器人协调中的任务分配与规划、对抗环境下的多机器人协调等问题进行了深入研究，为提高多机器人系统的信息融合与协调的技术水平、促进相关技术的发展提供了新的思路与理论依据。

本书是作者进行创新研究成果的结晶。本书可供从事分布式人工智能、多机器人系统、信息融合技术和智能系统研究、设计和应用的科技人员和高等院校师生阅读和参考。

图书在版编目(CIP)数据

多智能体机器人系统信息融合与协调/范波，张雷著. —北京：科学出版社，2015
(智能科学技术著作丛书)
ISBN 978-7-03-044762-3

Ⅰ.①多… Ⅱ.①范…②张… Ⅲ.①智能机器人 Ⅳ.①TP242.6

中国版本图书馆 CIP 数据核字(2015)第 123205 号

责任编辑：张海娜 高慧元 / 责任校对：胡小洁
责任印制：吴兆东 / 封面设计：陈 敬

科学出版社 出版
北京东黄城根北街 16 号
邮政编码：100717
http://www.sciencep.com
北京建宏印刷有限公司 印刷
科学出版社发行 各地新华书店经销
*
2015 年 7 月第 一 版 开本：720×1000 1/16
2024 年 1 月第八次印刷 印张：11 3/4
字数：255 000
定价：98.00 元
(如有印装质量问题，我社负责调换)

《智能科学技术著作丛书》序

"智能"是"信息"的精彩结晶,"智能科学技术"是"信息科学技术"的辉煌篇章,"智能化"是"信息化"发展的新动向、新阶段。

"智能科学技术"(intelligence science&technology,IST)是关于"广义智能"的理论方法和应用技术的综合性科学技术领域,其研究对象包括:

· "自然智能"(natural intelligence,NI),包括"人的智能"(human intelligence,HI)及其他"生物智能"(biological intelligence,BI)。

· "人工智能"(artificial intelligence,AI),包括"机器智能"(machine intelligence,MI)与"智能机器"(intelligent machine,IM)。

· "集成智能"(integrated intelligence,II),即"人的智能"与"机器智能"人机互补的集成智能。

· "协同智能"(cooperative intelligence,CI),指"个体智能"相互协调共生的群体协同智能。

· "分布智能"(distributed intelligence,DI),如广域信息网、分散大系统的分布式智能。

"人工智能"学科自1956年诞生以来,在起伏、曲折的科学征途上不断前进、发展,从狭义人工智能走向广义人工智能,从个体人工智能到群体人工智能,从集中式人工智能到分布式人工智能,在理论方法研究和应用技术开发方面都取得了重大进展。如果说当年"人工智能"学科的诞生是生物科学技术与信息科学技术、系统科学技术的一次成功的结合,那么可以认为,现在"智能科学技术"领域的兴起是在信息化、网络化时代又一次新的多学科交融。

1981年,"中国人工智能学会"(Chinese Association for Artificial Intelligence,CAAI)正式成立,25年来,从艰苦创业到成长壮大,从学习跟踪到自主研发,团结我国广大学者,在"人工智能"的研究开发及应用方面取得了显著的进展,促进了"智能科学技术"的发展。在华夏文化与东方哲学影响下,我国智能科学技术的研究、开发及应用,在学术思想与科学方法上,具有综合性、整体性、协调性的特色,在理论方法研究与应用技术开发方面,取得了具有创新性、开拓性的成果。"智能化"已成为当前新技术、新产品的发展方向和显著标志。

为了适时总结、交流、宣传我国学者在"智能科学技术"领域的研究开发及应用成果,中国人工智能学会与科学出版社合作编辑出版《智能科学技术著作丛书》。需要强调的是,这套丛书将优先出版那些有助于将科学技术转化为生产力以及对社会和国民经济建设有重大作用和应用前景的著作。

我们相信，有广大智能科学技术工作者的积极参与和大力支持，以及编委们的共同努力，《智能科学技术著作丛书》将为繁荣我国智能科学技术事业、增强自主创新能力、建设创新型国家做出应有的贡献。

祝《智能科学技术著作丛书》出版，特赋贺诗一首：

智能科技领域广

人机集成智能强

群体智能协同好

智能创新更辉煌

涂序彦

中国人工智能学会荣誉理事长

2005年12月18日

前　言

随着机器人技术的发展，单个机器人的工作能力、鲁棒性、可靠性、效率都有很大的提升。一个给定任务的解决方案是建立一个单独具备处理问题能力的自动机器人去实现任务。众多应用表明，在小尺度范围里，单机器人方案是可行的，但是面对一些复杂的、需要高效率的、并行完成的任务时，单个机器人则难以胜任。为了解决这类问题，机器人学的研究一方面进一步开发智能化更高、能力更强、柔性更好的机器人；另一方面在现有机器人的基础上，通过多个机器人之间的协调工作来完成复杂的任务。多机器人系统作为一种协作的群体多机器人系统，实际上是对自然界和人类社会中群体系统的一种模拟。多机器人协作与控制研究的基本思想就是将多机器人系统看做一个群体或一个社会，从组织和系统的角度研究多个机器人之间的协作机制，从而充分发挥多机器人系统的内在优势。

与单机器人相比，多机器人系统具有很多优点，多机器人系统具有更好的空间分布、功能分布、时间分布、信息分布、资源分布等特性。系统中的各机器人可以实现多种信息共享，使整个系统具有更好的数据冗余性和更好的鲁棒性。多机器人通过相互协作的方式完成任务，使得系统具有并行性、容错性、灵活性、高效性等优势。多机器人学的理论和技术与其在不同领域中日趋广泛深入的应用密切相关。

自20世纪70年代后期以来，多智能体系统（multi-Agent system，MAS）研究逐渐成为分布式人工智能的研究热点，并在机器人、人工生命和知识获取等领域展开广泛研究。多机器人系统是一类典型的MAS，通过组织成MAS结构，机器人能够相互协作，最终提高任务求解能力。近年来，随着多Agent强化学习算法和理论研究的深入，应用强化学习方法实现协作多机器人系统的自适应控制和优化逐渐成为研究应用的热点。

全书共8章。第1章介绍了多机器人系统中的信息融合以及多机器人协调与合作的研究现况；简要描述了多Agent信息融合与协调的研究现状，对机器人足球及其研究进展进行了概述。第2章给出了Agent与MAS的定义与特性，描述了信息融合技术及其发展现状；通过分析Agent和MAS的模型与体系结构，将多Agent引入信息融合中，提出了基于多Agent的信息融合模型架构。第3章描述了多Agent协调的基本理论与方法；在单Agent的学习模型与方法中，概述了强化学习、Markov决策过程与Q学习；对多Agent协调模型进行了简要的介绍；重点讨论了MAS协调的对策与学习方法，在对Markov对策概述的基础上，重点对冲突博弈、多 Agent 强化学习进行了分析与讨论。第 4 章从分析和研究多 Agent 的体系结构入手，提出了一种多 Agent 的分布式决策方法，构建了基于证据推理的 Agent 信息模型和基于可传递置信模型的多 Agent 决策框架，并给出了相应的算法；通过在机器人足球赛中的应用，对赛场环境信息及对手态势进行分析，得出有效的决策结论。第 5 章针对强化学习在实际系统应用的特点，提出了一种基于知识的强化函数设计方法。在实际应用系统中对强化学习算法进行了改进，将经验信息和先验知识引入强化函数中，构建了综合终极目标的奖惩信息和 Agent 动作策略的奖惩信息的强化函数。第 6 章分析了多 Agent 协作学习的特点，提出此学习既要具备 Agent 个体能力的学习，又要有 Agent 之间相互协调的学习；提出了一种基于分布式强化学习的多 Agent 协调方法，协调 Agent 将复杂的任务进行分解处理，通过中央强化学习选择适当的策略对子任务进行分配，任务 Agent 采用独立强化学习选择有效的行为，相互协作完成系统任务。第 7 章研究了 Agent 之间存在着竞争和合作的关系，发现多 Agent 学习如果忽视 Agent 之间的对策和协调，就很难取得满意的效果，学习过程可能会暴露出 Agent 相互冲突的诸多因素，使 MAS 难以有效地完成最终任务；基于 Markov 对策，提出了一种分层的多 Agent 对策框架，Team 级利用零和 Markov 对策解决与对手 Agent 群体的竞争；Member 级利用团队 Markov 对策处理群体内部 Agent 的合作。第 8 章讨论了 Agent 技术在机器人智能控制系统的应用情况，分析了机器人智能控制研究问题，提供了多机器人系统应用的实例；总结本书的主要研究结果，并对需要进一步研究的问题提出了一些看法。

基于 Agent 技术的多机器人系统研究是一个新兴的研究热点，必将推动人工智能技术与信息融合技术的进步与发展。通过机器人技术研究的不断深入，会涌现出更多的新理论与应用；Agent 技术的不断发展以及与机器人系统的相互渗透，会获得更丰富的解决综合问题的思路与方法。

由于作者水平有限，书中难免存在疏漏之处，欢迎广大读者提出宝贵意见。

目　录

第1章 绪　　论

1.1 引　　言

随着现代科学技术，特别是计算机技术、通信技术、电子技术、传感器技术、控制技术以及人工智能技术的飞速发展，机器人的开发与应用成为当前的一个热点，已出现了各种各样的具有某种智能的机器人或仿人机器人，其应用也从自动化生产线发展到海洋资源的探索乃至太空作业以及家庭服务等许多领域。然而，就目前的机器人技术水平而言，单体机器人在信息的获取、处理及控制能力等方面还十分有限，对于不同的工作任务和不同的工作环境，尤其是一些大型复杂的工作任务及环境，单体机器人的能力更显不足。于是人们自然会想到利用多机器人协作来提高它的工作能力。

多机器人系统在时间、空间、功能、信息和资源等方面具有分布性，尤其是在信息、资源、功能方面具有冗余性及互补性。这给多机器人系统带来了明显的优越性：工作效率大幅度提高，工作能力大幅度增强，功能及工作范围明显扩大，系统的可靠性、鲁棒性、容错能力明显增强。

多机器人系统并不是将多个机器人简单合并到一起就能自然形成，而是需要将多个机器人视为一个整体，组成一个机器人社会，相互协调，避免冲突，即从组织、系统的角度来进行研究[1]。20世纪80年代末，受到分布式人工智能(distributed artificial intelligent，DAI)[2]、分布式系统研究的启发，针对集中式控制的不足，一些从事机器人学研究的学者提出了基于分散化(decentralized)和分布式(distributed)思想的多机器人系统，并研究了它的协作组织策略、方法及协调机制[3]。这些研究从社会学角度出发来考察、分析机器人群体的合作机制，充分发挥多机器人系统中各个机器人的智能，根据环境和任务的变化，快速、灵活地组织多机器人系统；其中基于多智能体系统(multi-agent systems，MAS)概念的多机器人系统研究受到广泛关注。在多机器人系统中，每个机器人都被视为一个具有一定智能和基本行为能力的Agent，通常只处理与自身相关的局部目标和本地信息，并进行自主运动，各机器人不是由集中控制器进行统一控制，而是利用自身的智能来动态地规划各自的行为，并通过与其他机器人进行合作，体现机器人群体行为。多机器人系统的研究目前尚处于初级阶段，有大量的理论及实际问题需要研究，对机器人学的发展具有重要的理论和实际意义。

1.2 多机器人系统中的信息融合

1.2.1 机器人传感器系统

机器人传感器系统是机器人信息输入的窗口。要使机器人拥有智能，能对环境变化作出反应，首先，必须使机器人具有感知环境的能力，用传感器采集环境信息是机器人智能化的第一步；其次，就是如何采用适当的方法，将多个传感器获取的环境信息加以综合处理，控制机器人进行智能作业。所以传感器及其信息处理系统，两者相辅相成，为机器人智能作业提供依据[4]。

机器人技术的发展大致经历了三个时期[5]。

第一代为示教再现型机器人。它不配备任何传感器，一般采用简单的开关控制、示教再现控制和程序控制，机器人的作业路径或运动参数都需要示教或编程给定。在工作过程中，它通常无法感知环境的改变。

第二代为感觉型机器人。此种机器人配备了简单的内外部传感器，能感知自身运行的速度、位置、姿态等物理量，并以这些信息的反馈构成闭环控制。此种机器人由于具有简单的外部传感器如简易视觉、力觉传感器等，因而具有简单的环境适应能力。

第三代为智能型机器人。目前正在研究和发展之中，它配备多种内外部传感器，通常，它还拥有自己的知识库、多信息处理系统，可在一定的环境中工作，并具有一定的环境应变能力。但是，即使是目前世界上智能等级最高的机器人，它对外部环境变化的应变能力也非常有限，远远没有达到人们预想的目标。为了解决这一问题，机器人研究领域的学者，一方面开发研究机器人的各种内外部传感器，以获取更多的信息；另一方面，发展多源信息处理技术，即多源信息融合技术，使机器人能得到更准确、更全面、更及时的内外部信息，尤其是外部环境的最新信息，以便及时作出新的决策。

1.2.2 机器人多传感器信息融合

随着科学技术的不断发展，多种新型敏感材料和传感器不断涌现，传感器种类的增多、性能的提高以及精巧的结构都促进了多传感器系统的发展。多传感器系统的出现，使得机器人获得的信息类型及数量急剧增加，而这些信息在时间、空间、可信度、输出方式上各不相同，这对信息的处理和管理工作提出了新的要求。若对各种不同传感器采集的信息进行单独、孤立地加工不仅会导致信息处理工作量的增加，而且可能会割断各传感器信息间的内在联系，丢失信息有机组合可能蕴涵的有关特征，从而造成信息资源的浪费。由于传感器感知的是同一环境下不同(或相同)侧面的有关信息,所以这些信息通常是相关的。因此,多传感器系统要求采用合适的信息综合处理技术,并协调各传感器彼此间的工作。

在以往机器人智能的研究中,人们把更多的注意力集中到研究和开发机器人的各种外部传感器上,尽管在现有的智能机器人系统中,大多数使用了多个不同类型的传感器,但它们更像是一个多传感器的拼合系统,即没有将所有信息作有效的融合处理及综合利用,这无疑对提高各种智能机器人系统的性能带来了不利影响。同样,在多机器人系统中,如果机器人之间过分依赖通信进行信息获取,那么,当机器人数量较多时,系统通信的负担将使系统的运作效率下降。因此如何有效利用智能机器人本身的传感器检测信息显得至关重要。

1. 机器人多传感器信息融合的发展

信息融合是20世纪70年代初由美国最早提出来的[6]。近来,随着计算机技术、通信技术的发展,特别是军事上的迫切要求,该技术引起了世界范围内的普通关注。

20世纪80年代初,机器人学界提出非结构化环境的机器人研究,并开始研究自主车、建筑机器人、消防机器人、水下机器人、火山探险机器人、空间机器人等,开发这些在非结构化环境工作的机器人,其核心的关键技术之一是多传感器信息融合。

显然,多传感器信息融合技术已经成为近年来机器人领域非常热门的研究课题。Kluwer Academic Publishers 先后出版了牛津大学 Durrant-Whyte 所著的文献[7]和哥伦比亚大学 Allen 所著的文献[8]。*International Journal of Robotics Research* 在1988年推出了 Sensor Data Fusion 专辑。同年,SPIE 主持召开有关信息融合的学术会议,IEEE 主办的学术会议"Robotics & Automation"从1986年开始均有专门关于信息融合的专题,Luo 在 *IEEE Transactions on Systems, Man and Cybernatics* 上发表了著名的综述性文章[9]。与此同时,很多研究机构在实验室设计了各种可移动机器人或各种环境下的自动驾驶装置[10],来探讨多传感器数据融合技术在机器人领域的应用。HILARE 是第一个应用多传感器信息来创建世界模型的可移动机器人,它充分利用视觉、听觉、激光测距传感器所获得的信息,以确保其能稳定地工作在未知环境中。卡内基·梅隆大学机器人研究所在20世纪90年代中期研究了一种可移动机器人 RANGER,它包括一个状态空间控制器、一个基于卡尔曼滤波的导航中心和一个自适应感知中心,通过融合各种传感器获得的信息来确保模型的可靠性。LIAS 是美国德莱克西尔大学研究的具有多个传感器模块的移动机器人,该系统通过融合不同种类的传感器信息得到效果更好的机器人周围的精确图景[11]。ANFM 是瑞典于默奥大学于近期开发的野外自治导航车,该系统采用层次化结构和远程控制的方案,利用不同传感器得到的互补信息和冗余信息，采用模糊逻辑和神经网络的进行多传感器信息融合[12]。

国内在多传感器信息融合领域的研究相对较晚，但发展势头十分迅猛，特别是在机器人多传感器信息融合方面开展了理论和实验研究。目前在这一领域开展研究工作的主要为高校和研究机构，并已取得不少成果[4-6,13-18]。

2. 多机器人的多传感器信息融合

随着计算机技术和通信技术的发展，在智能机器人系统中，环境感知与定位、路径规划和运动控制等功能模块也趋向于分布式的解决方案，从而各个功能模块并行执行，提高系统的实时性和鲁棒性。因此，环境感知与定位模块必须以直接通信的方式向路径规划模块传送信息。在多机器人系统中，为了实现协调与合作，个体机器人的感知系统必须提供足够的环境描述及自身位置信息。由于目前使用的各种传感器还不能达到这个要求，因此机器人之间或机器人与控制中心必须进行通信以获得上述信息[18]。

多机器人系统要在各种变化的、不确定的环境中工作，其首要任务是要了解其所处环境，给出其尽可能全面的、符合实际的描述。目前多机器人系统中的通信还存在许多瓶颈问题。因此，机器人的感知模块必须对传感器测得的原始环境信息进行局部处理和融合，提取局部环境特征信息并进行交互，以减少通信量，提高系统的动态性能。

多机器人系统中分布的各种传感器可以获得环境的多种特征信息，包括局部的、间接的环境知识。基于这些知识，利用多传感器信息融合技术，可得到环境全面、统一的描述。所以，一个高效的具有很强适应能力的多信息融合系统是反映机器人智能水平的重要条件之一。正如前面所述，在多机器人系统中使用多传感器信息融合技术，充分利用信息的互补性及冗余性，可以使系统具有容错功能，提高系统的精度，改善系统的决策能力，扩大功能范围。

1.3 多机器人协调与合作研究现状

多机器人系统在自动化加工、柔性制造、复杂装配等领域具有广阔的应用前景。德国多特蒙德大学的 Freund 教授等从系统角度研究机器人和自动化，他们采用分层递阶协调原理，研制出用于在空间实验室环境执行任务的多机器人系统。Freund 教授以分层协调合作为理论框架，重点研究了防撞、协调操作、自动任务规划和基于传感器的控制。日本名古屋大学的 Fukuda 教授等将每个机器人视为一个单元，研究单元自组织构成体，即组成多机器人系统[19]。单元体可以根据任务和环境动态重构，可以具有学习和适应的群体智能(group Intelligence)，具有分布式的体系结构。美国学者 Jin 和 Beni 等研究和实现了 SWARM 系统，这一系统是由多个自主机器人组成的分布系统，其主要特点是，机器人本身被认为无智能，它们在组成系统后，将可以展现出作为整体的系统智能。

下面分别对多机器人系统的体系结构、信息交互和冲突协调三方面的研究现状进行简要的介绍。

顾名思义，多机器人系统是由多个具有环境观察、任务规划和操作功能的智能机器人组成的系统。随着科技的发展，这些智能机器人的智能、柔性和自主性变得越来越高。为了把这些智能机器人组合起来，构成一个复杂系统，就需要一个体系结构。多机器人系统的体系结构可分为集中式和分散式，而分散式又可分为分层式和分布式，分布式结构中所有机器人相对于系统是平等的；分层式结构在局部则是集中的。目前，普遍认为分散式结构比集中式结构在可靠性和鲁棒性方面具有较高的性能。体系结构的主要研究问题是设计出正确而合理的结构方案，使多机器人系统能高效率地完成给定的任务。主要内容包括相应的任务选择(任务分配)、通信、协调与合作等。经过多年研究，科研工作者已经提出了一些体系结构方案，但是由于多种原因，大多数体系结构只适用于特定的系统，不具有推广和普及性，同时大多数研究者没有考虑系统实际应用中的需要，因此体系结构缺乏实用性，一个通用性好的多机器人体系结构需要包括以下方面：

(1) 在多机器人系统中利用数学模型来表示、描述、分解和分配问题；

(2) 使机器人进行信息交互和相互作用；

(3) 使机器人意识到和解决彼此的协调与合作问题，使它们在行动中保持一致性。

除了满足上述要求外，开发一个多机器人体系结构的主要目标是使多机器人系统具有鲁棒性、可靠性和柔性。

许多机器人领域的学者和研究人员已经就多机器人系统的体系结构提出了各自的方案，并进行了仿真和试验研究。例如，Lueth 和 Laengle 对一个称为KAMARA的分布式体系结构进行了容错行为和误差纠正的研究；Noreils 提出了一个包括规划层、控制层和功能层的三层体系结构；Caloud 等描述了一个由任务规划、任务分配、运动规划和执行控制器的体系结构；Asama 等描述了一个称为 ACTRESS 的体系结构，它的协商式体系结构允许机器人在需要时召集其他机器人帮助[20,21]。Wang 提出使用几个分布式互斥算法的体系结构，此结构采用信号板进行机器人通信。Parker 描述了一个称为 ALLIANCE 的体系结构，并进行了 Janitorial Service 和 Bounding Overwatch 两个内容的试验，证明了此体系结构具有很好的容错性和适应性[22]。目前，关于多机器人系统体系结构的研究主要集中在理论研究、仿真及试验验证等方面。

多机器人系统在执行某项任务时，为了实现协调与合作，个体机器人的传感器必须提供足够的环境描述及其他机器人的信息，由于目前使用的各种传感器还不能达到这个要求,因此各机器人之间或上层控制和下层合作之间的通信是必要的。目前,机器人之间的通信方式主要有直接发送、广播、黑板结构和公告板。对于多机器人协作系统的通信,一方面要研究适合多机器人协作系统实时性要求的通信协议与网络拓扑结构,这直接影响系统的运行效率;另一方面要研究如何充分利用机器人具有的对环境的感知和推断能力,以及对合作伙伴行动的推断能力,进一步降低通信量,提高通信效率。

选择通信方式的基本要求是保证通信的有效性和实时性,由于目前通信还存在许多瓶颈问题,在应用中通信过多,会导致系统的动态性严重下降。因此一些学者研究和探讨少通信和无通信的多机器人协作。Yasuo Kuniyoshi 等组建的集中控制和直接信息交互的多机器人系统,每个机器人通过自己的 CCD 摄像机来获取环境和其他机器人的信息,并进行了跟踪指定机器人、为其他机器人的前进线路排障、机器人间传递物品三个内容的试验,效果良好。Kube 等在其 Simbotcity 仿真系统中,研究了在没有显式通信的情况下一组机器人进行推箱作业,以及机器人数量对系统运行性能的影响[23]。Arkin 对无通信多机器人的合作搜寻进行了研究。

在多机器人系统中还有一项关键技术是如何协调冲突问题。多机器人系统中冲突的形成是多种多样的,主要有任务冲突、空间冲突和信息冲突等。多机器人系统中的冲突很容易造成系统的混乱,严重地影响了系统的总体性能。解决冲突除了要有合理的体系结构和信息交互方式外,也需要相应的解决策略。多机器人系统的冲突解决方法很多,最直接的方法是采用集中控制器来决定所有机器人的无冲突路径,这种方法在实用性方面具有一定的缺陷;另一种方法就是主从控制法,在冲突的机器人中有一个作主控,指挥别的机器人以解决冲突问题。对于可以预见的冲突可通过规划加以解决,但是仅靠规划方法来解决冲突问题,将会使系统缺乏适应性,因为在系统运行过程中,情况常常会发生变化,且这些变化往往不能事先准确预测。对于动态冲突的消解,目前至少有磋商法、惯例法、熟人模型法等[24,25]。

1.4 多 Agent 信息融合与协调的研究现状

随着计算机网络、计算机通信等技术的发展,对于 Agent 以及 MAS 的研究已经成为 DAI 研究的一个热点。MAS 的目标是将复杂大系统(软硬件系统)分解成彼此相互通信及协调的、易于管理的子系统。多 Agent 的研究涉及 Agent 的知识、目标、技能、规划以及如何使 Agent 协调行动等[26]。

1.4.1 多 Agent 信息融合

在 MAS 中，Agent 通过协调它们的知识、目标、技能以及计划，进行决策并且采取行动从而解决问题。在分布系统中的 Agent 具有不同领域的专家经验、特定的知识和不同的决策功能。它们可以对环境中不同的特点进行观测，可以获得环境中不同时空区域的信息，然后通过融合这些信息得出对全局环境的判断。

目前，国内对多 Agent 信息融合的研究大多集中在理论研究方面。相对来说，国外的研究比较多，也比较深入。美国纽约州立大学布法罗分校的 Peter Scott 和多源信息融合咨询中心的 Galina Rogova 利用多 Agent 分布式系统改进了信息融合结构，并引入了证据推理方法用于决策融合。美国卡内基·梅隆大学的 Katia Sycara 和匹兹堡大学的 Michael Lewis 构建了信息融合的多 Agent 结构，来解决高层信息融合和传感器协调。瑞典国防研究机构的研究人员设计了基于 Agent 的数据融合和传感器管理通用平台，建立了传感器 Agent 和任务Agent，并有效地借鉴了传统的 OODA(observe，orient，decide，act)环结构来设计任务。德国比勒菲尔德大学的 Knoll 等学者分析了多 Agent 网络的结构和性能，将其用于数据融合。加拿大里贾纳大学的 Geng 和 Xiang 在研究贝叶斯网络时，使用了多 Agent 的分布性，进行分布环境推理。里贾纳大学的 Wong 和 Butz 提出了构建多 Agent 概论网络的依赖结构解决分布推理问题[27]。还有台湾中正大学的 Luod 等的基于多 Agent 的多传感器资源管理系统。

从以上文献可以看出，结合多 Agent 技术的信息融合研究主要集中在信息融合结构和分布推理这两大方面：利用多 Agent 技术改进信息融合结构，主要体现了多 Agent 的分布性，目前研究的重点在于合理地构建分布式结构，结合多Agent 信息协作技术对数据进行收集、处理和融合，以便进行决策；分布式推理是对传统概论推理的一种延伸和扩展。在传统的概论推理中引入分布式人工智能，特别是多 Agent 技术，已经成为当前分布式推理研究的一个重要方向。

1.4.2 多 Agent 协调与合作

在 MAS 中，由于任务的多样性、复杂性，环境的可变性，知识获取的不完备性，以及智能水平的限制，产生不协调或冲突现象是难免的。处理冲突问题的关键要有合理的体系结构，完善的通信机制和灵活的处理策略。Agent 之间可以动态地进行规划，以适应不断变化的系统和环境，并避免冲突。MAS 采用一个明晰的协作策略，实行从任务的分解、分配到执行的协调一致的动态管理。

1. 多 Agent 协作模型

在多 Agent 协作研究中，为了适应不同的应用环境产生了多种类型的多

Agent协作模型。这些模型包括理性 Agent 的 BDI(belief desire intention)模型、协商模型、协作规划模型和自协调模型。

理性 Agent BDI 模型是一个概念和逻辑上的理论模型,是研究 Agent 理性和推理机制的基础[28]。Jennings 以联合意图为 Agent 协作基础建立复杂动态环境下的协作框架[29]。Hardadi 分析了联合承诺问题,用以描述合作推理和协商[30]。

多 Agent 协作行为通常是通过协商产生的。合同网协议是协商模型的典型代表[31]。Conry 等用多级协商协议来解决分布式约束满足问题中的任务分布和资源分配冲突[32]。Sycara 结合基于推理和多属性效用理论提出"劝说性辩论"模型。Genesereth 等用对策论和博弈论方法研究无通信情况下的协作。Zlotkin 等研究协作或非协作 Agent 在只有部分信息的情况下进行协商和冲突消解的理论。Werk-man 提出一种基于知识的协商方法来消解冲突。

多 Agent 规划模型主要用于为多个 Agent 制定协调一致的问题求解规划。Durfee 提出的分部全局规划(partial global planning,PGP)方法,允许各 Agent 动态合作,Agent 利用规划信息调节自身的局部规划达到共同目标。Decker 在他提出的 TAEMS(task analysis,environment modeling,and simulation,任务分析、环境建模与仿真)系统中完善和强化了 PGP 方法。Tambe 将联合意图和 PGP 结合起来提出一种混合 STEAM 系统。

自协调模型是一种随环境变化自适应调整行为的动态模型,是建立在开放、动态环境下的多 Agent 模型。Hu 和 Wellman 根据 Agent 行动产生效果的预测来建立和修正信念过程,提出一种 Agent 对其他 Agent 响应进行建模的 MAS。Stone 等提出的协调模型则是通过 Agent 的相互作用进行 Agent 学习,学习的结果通过整个系统和单个 Agent 的效益显示出来[33]。

2. 多 Agent 协作方法

多 Agent 协作方法主要可分为决策网络、递归建模方法、Markov 对策、Agent 学习方法、决策树和对策树。

决策网络是一个决策问题的图知识表达,可以看做在贝叶斯网络或信念网络中添加了决策节点和效益节点。基于 BDI 框架下的 Agent,根据对环境和其他 Agent的观察信息和贝叶斯学习方法,来修正对其他 Agent 可能行为的信念,并预测其他 Agent 的行为。

在递归建模方法中,Agent 获取关于环境的知识、其他 Agent 状态的知识和其他 Agent 所具有的知识(这是一种嵌套的知识结构),在此基础上建立递归决策模型。在模型嵌套数有限的情况下,利用动态规划方法求解 Agent 行为策略。

Markov 对策是 MAS 中每个 Agent 决策过程的扩展。通过将 Nash 平衡点(Nash equilibrium)作为多 Agent 协作的目标,来研究多 Agent 协作过程的收敛性和稳定性。

Agent 学习方法是指每个 Agent 通过学习其他 Agent 的行动策略，来选择自己相应的最优行动。学习内容包括环境内的 Agent 个数、连接结构，Agent 间的通信类型、协调策略等。主要学习方法包括假设回合、贝叶斯学习和强化学习[34]。

决策树和对策树都是以对策论为框架的多 Agent 协作方法。决策树通过将对策理论和对策过程形式化，以实现 Agent 的自动推理过程。对策树利用有限时间区间具有有限行动和状态的随机对策来表达扩展形式对策。

1.5 机器人足球及其研究进展

1.5.1 机器人足球的发展概况

机器人足球是最近几年在国际上迅速开展起来的一种高科技对抗活动。它集高新技术、娱乐比赛于一体，引起了人们的广泛关注和极大兴趣。随着人工智能和机器人研究的不断深入，训练和制造机器人进行足球比赛，已成为科研工作者的一个研究热点。第一个正式提出机器人足球的学者是加拿大大不列颠哥伦比亚大学教授 Mackworth。目前，世界性机器人足球比赛有两种：RoboCup（机器人世界杯赛）和 FIRA（国际机器人足球联盟）世界杯赛。RoboCup 世界杯赛由日本、欧美等国家发起，于 1997 年开始，每年举行一次；FIRA 比赛主要由韩国发起，始于 1996 年。RoboCup 和 FIRA 都设仿真组和实物组两种比赛。其中实物组又分小型组、中型组和类人组等。目前，RoboCup 和 FIRA 的比赛每年都吸引了世界上许多国家的高校和研究机构的全力支持和积极参与。

中国自动化学会于 2001 年 6 月成立机器人竞赛委员会，以组织、协调和指导我国高校和研究机构开展机器人足球比赛、学术交流和相关研究工作，并从 2002 年开始，每年举办一次包括 RoboCup 和 FIRA 两个系列的全国性比赛。教育部和科技部 863 计划也先后支持了多所大学参加世界杯机器人足球赛。目前，国内已经有数十所高校组建了 RoboCup 或 FIRA 机器人足球队，并代表我国在国际比赛中取得了优异的成绩。西北工业大学机器人足球代表队于 2003 年初组建，参加了在北京的 2003 全国机器人大赛，获得了第三名，并且在哈尔滨举办的机器人世界杯中国选拔赛中战绩优异，代表中国参加了在奥地利首都维也纳举办的 2003 FIRA 世界杯大赛。

机器人足球比赛涉及自动控制、人工智能、模式识别、计算机视觉与图像处理、无线通信、决策对策和机器人学等众多学科领域，可作为人工智能和智能控制领域多种理论和算法的综合性实验平台。从机器人系统控制和设计的特点看，RoboCup 采用分布式自主控制模式，且对机器人规格要求比较灵活；FIRA 采用集中半自主控制模式，且对机器人规格进行了严格限制。

1.5.2 FIRA机器人足球比赛系统

足球机器人系统是一个高技术密集型的项目，它由四个子系统构成，分别是机器人小车子系统、通信子系统、视觉子系统和决策子系统。下面分别简要介绍FIRA中的两种机器人足球比赛系统：集控式比赛(MiroSot)和仿真式比赛(SimuroSot)。

1. 集控式比赛

FIRA的集控式比赛系统如图1.1所示。

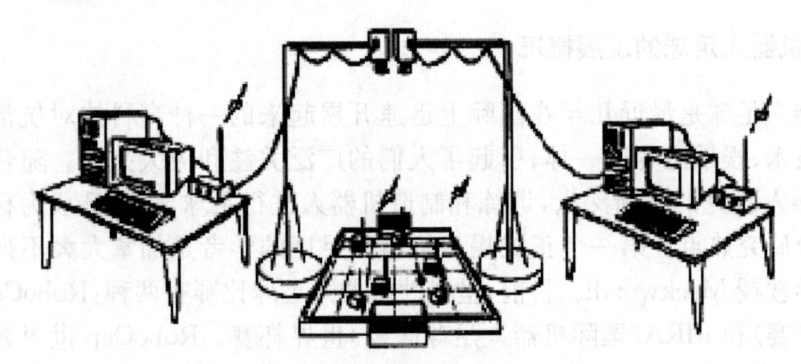

图1.1 FIRA集控式比赛系统

1) 机器人(小车)子系统

机器人子系统一般由动力驱动装置、通信接收器、CPU板和能源系统组成。

2) 通信子系统

目前大多数通信子系统采用无线数字通信，主机的控制指令通过计算机的串行口送至无线通信模块，经过调制后发送出去。机器人的通信接收器接收信号并解调，然后传送给车载微处理器。由于足球机器人的空间有限，通常采用单向通信方式。为了提高通信质量，要精心设计通信电路及通信协议。

3) 视觉子系统

视觉子系统是机器人的信号检测机构，由摄像头、图形卡等硬件设备和图像处理软件组成。比赛规则限定，每队有自己的颜色标签(蓝、黄之一)，贴于机器人的顶部。每个机器人还有自己的色标。视觉系统要根据颜色捕获图像和计算位置，实时采集、处理比赛场景，并将辨识数据(双方小车及球的位置方向)提供给决策子系统。

4) 决策子系统

决策子系统根据现场情况，如当前得分、谁控制球、对手的水平等因素安排各自的策略,决定是进攻还是防守,再由策略库作出战术部署。策略应根据比赛规则和经验进行提取,并存在知识库中。知识库通过学习不断丰富策略。各种智能算法如神经网络、模糊算法、遗传算法等也可以应用到构造策略库以及策略选择过程中。系统根据采取的对策,计划机器人的任务,并转化为路径形式,然后发送出去,路径由一系列命令组成。

2. 仿真式比赛

SimuroSot 比赛是对实际 MiroSot 比赛的仿真。在 SimuroSot 比赛系统中,所有的硬件设备均由计算机模拟实现,以简化比赛系统的复杂度,减少硬件需求。它可控性好、无破坏性、可重复使用,不受硬件条件和场地环境的限制。FIRA 的 SimuroSot 比赛系统如图 1.2 所示。

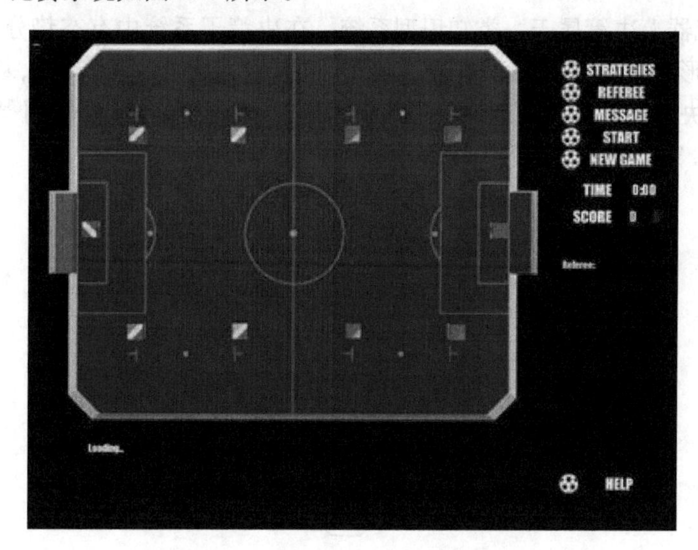

图 1.2 FIRA 仿真式比赛系统

SimuroSot 仿真比赛系统中,仿真系统通过虚拟的视觉系统,得到比赛中机器人和足球的现场位置数据,并实时发送给决策子系统。决策子系统进行综合分析,再根据现场情况,如当前得分、谁控制球、对手的水平等因素安排各自的策略,决定是进攻还是防守。策略的选择也决定了每个机器人基本动作的选择,这些基本动作的信息构成了对场上机器人的命令信息。

1.5.3 机器人足球的关键技术和研究热点

足球机器人系统是机器人研究的一个分支,既有一般机器人的共性,又有其特性。它以实现高度智能化的机器人足球运动员为发展目标,进行运动分析、自动控制、人工智能、计算机视觉及其他传感器融合、无线数字通信等学科领域的研究[35,36]。

1. 计算机视觉及多传感器数据融合

机器人足球视觉系统的主要任务是实时采集、处理、辨识场地图像，得到场上运动物体的有关数据供决策子系统进行分析决策使用，主要包括[37]：

(1) 彩色图像分割；

(2) 实时辨识算法；

(3) 红外传感器和其他传感器的使用。

2. 多机器人协作和智能决策

足球机器人决策属于一类知识型系统。在决策子系统中有态势分析、攻防策略选择、队形确定和角色分配等高层决策，也有战术配合、技术动作、基本动作等低层决策，决策系统最集中地反映了人工智能技术各相关理论的应用[38]。决策结构图如图 1.3 所示。

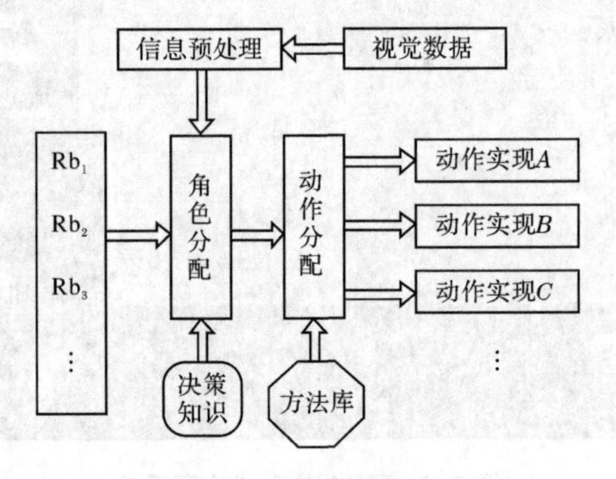

图 1.3　决策结构图

1) 信息预处理层

输入为视觉辨识矩阵，通过预处理和特征状态提取为态势分析和决策推理作准备。

2) 高层决策层

通过对场上实体位置、速度、角度、运动趋势的分析及敌方策略的分析，决定我方的进攻、防守策略，如全攻全守、区域防守、前后场法、两翼法、状态行为空间映射等。策略的生成基于产生式推理。

3) 低层决策层

根据高层决策采用的策略和分配的角色，在该层决定采用何种动作，完成动作分配。

4）动作实现

决策系统的输出是各机器人的左右轮速度，经过若干决策周期完成从战术到战略的任务。

1.6 本书的结构和内容安排

本书以多机器人系统为研究背景，将MAS的体系结构和协调机制引入多机器人系统的信息融合与多机器人协作研究中，重点研究了基于多Agent的分布式决策、基于学习和对策的多Agent协调，并且以机器人足球作为仿真和实验平台。本书主要分如下几部分。

首先，本书重点概述了多机器人系统中的信息融合以及多机器人协调与合作的研究现况；简要描述了多Agent信息融合与协调的研究现状，介绍了机器人足球及其研究进展。

其次，在分析与研究Agent体系结构以及MAS体系结构的基础上，将多Agent技术引入到信息融合中，提出一种基于多Agent的信息融合模型；针对多Agent协调中的学习与对策，重点研究和分析多Agent强化学习与Markov对策。

基于证据理论的分析与研究，构建一种Agent信息模型；在多Agent决策中，设计一种基于可传递置信模型的分层结构，融合中心将每个Agent提供的结果进行综合，得到全局环境的有效信息；决策中心产生对全局环境的高层决策；将多Agent分布式决策应用于机器人足球中，用于赛场环境决策以及对手态势决策。

通过对强化学习系统在实际应用中的研究与分析，本书引入经验信息和先验知识，设计一种基于知识的强化函数；在研究与分析MAS中分布式强化学习的基础上，提出一种多Agent协调模型，协调级进行系统任务的分配与派发，任务级选择有效的行为来完成子任务。通过机器人足球的实验与应用，与传统的强化学习进行比较。

在深入研究Markov对策中敌对Nash平衡与协作Nash平衡的基础上，提出一种基于Markov对策的多Agent协调框架及算法，利用零和Markov对策来解决Agent群体之间的竞争和对抗，利用团队Markov对策来完成多Agent群体内部的协调与合作，并在机器人足球仿真实验中验证基于Markov对策的多Agent协调方法。

最后，本书讨论了Agent技术在机器人智能控制系统的应用情况，分析了机器人智能控制研究问题，提供了多机器人系统应用的实例。总结本书的主要研究结果，并对需要进一步研究的问题提出了一些看法。

参 考 文 献

[1] Arai T, Pagello E, Parker L E. Editorial: advances in multi-robot systems. IEEE Transactions on Robotics and Automation, 2002, 18(5): 1-7.

[2] Bond A, Gasser L. Readings in Distributed Artificial Intelligence. San Mateo: Morgan Kaufmann Publishers, 1998.

[3] Uny C Y, Fukunaga A S, Kahng A. Cooperative mobile robotics: antecedents and directions. Autonomous Robotics, 1997, 4(1): 7-27.

[4] 罗志增，蒋静坪. 机器人感觉与多信息融合. 北京：机械工业出版社，2002.

[5] 高志军，颜国正，等. 多机器人协调与合作系统的研究现状和发展. 光学精密工程，2001, 9(2): 99-103.

[6] 潘泉，于昕，程咏梅，等. 信息融合理论的基本方法与进展. 自动化学报，2003, 29(4): 599-615.

[7] Durrant-Whyte H F. Integration, Coordination and Control of Multi-sensor Robot Systems. Boston: Kluwer Academic Publisher, 1987.

[8] Allen P K. Robotic Object Recognition Using Vision and Touch. Boston: Kluwer Academic Publisher, 1987.

[9] Luo R C, Kay M G. Multisensor integration and fusion in intelligent systems. IEEE Transactions on Systems, Man and Cybernetics, 1989, 19(5): 901-931.

[10] 李磊，叶涛，谭民，等. 移动机器人技术研究现状与未来. 机器人，2002, 24(5): 475-480.

[11] Kam M, Zhu X, Kalata P. Sensor fusion for mobile robot navigation. Proceedings of IEEE, 1997, 85(1): 108-119.

[12] Hagras H, Callaghan V, Colley M. Outdoor mobile robot learning and adaptation. IEEE Robotics & Automation Magazine, 2001, 8(3): 53-69.

[13] 袁军，黄心汉，陈锦江. 基于多传感器的智能机器人信息融合、控制结构和应用. 机器人，1994, 16(5): 313-320.

[14] 汪小龙，葛运建，等. 一种基于分布式信息融合技术的水下机器人智能感知系统方案. 机器人，2002, 24(5): 432-435.

[15] 韩崇昭，朱洪艳. 多传感器信息融合与自动化. 自动化学报，2002, 28: 117-124.

[16] 张启忠，蒋静坪. 用于机器人信息融合的 RS 智能系统. 自动化学报，2002, 28(5): 797-801.

[17] 刘国良，强文义. 移动机器人信息融合技术研究. 哈尔滨工业大学学报，2003, 35(7): 802-805.

[18] 洪伟，田彦涛，等. 智能机器人系统中局部环境特征的提取. 机器人，2003, 25(3): 264-269.

[19] Fukuda T, Sekiyama K. Self-organizing control strategy for group robotics. Advanced Robotics, 1996, 10(6): 347-352.

[20] Asama H. Yamashita A, Arai T, et al. Motion planning of multiple mobile robots for cooperative manipulation and transportation. IEEE Transactions on Robotics and Automation, 2003,

19(2):223-237.

[21] Asama H. Miyata N, Ota J, et al. Cooperative transport by multiple mobile robots in unknown static environments associated with real-time task assignment. IEEE Transactions on Robotics and Automation, 2002, 18(5):769-780.

[22] Parker L E. Heterogeneous Multi-Robot Cooperation. Cambridge: Massachusetts Institute of Technology, 1994.

[23] Kube C R, Zhang H. Collective robotics: from social insects to robots. Adaptive Behavior, 1993, 2(2):189-218.

[24] Conry S E, et al. Multistage negotiation for distributed satisfaction. IEEE Transactions on Systems, Man and Cybernetics, 1991, 21(6):1426-1477.

[25] Kraus S. Negotiation and cooperation in multi-agent environments. Artificial Intelligence, 1997, 94(4):79-97.

[26] 刘金琨,尔联洁. 多智能体技术应用综述. 控制与决策,2001,16(2):133-140.

[27] Wong M S K, Butz C J. Constructing the dependency structure of a multiagent probabilistic network. IEEE Transactions on Knowledge and Data Engineering, 2001, 13(3):395-415.

[28] Bratman M E. Intentions, Plans, and Practical Reason. Cambridge: Harvard University Press, 1987.

[29] Jennings N R. Joint Intentions as a Model of Multi-agent Cooperation. London: Ph. D. Thesis of University of London, 1992.

[30] Hardadi A S. Communication and Cooperation Agent Systems. Berlin: Springer, 1996.

[31] Smith R G. The contract-net protocol: high level communication and control in a distributed problem solver. IEEE Trans on Computers, 1980, C-29(12):1104-1113.

[32] Conry S E, Kuwabara K, et al. Multistage negotiation for distributed constraint satisfaction. IEEE Trans actions on Systems, Man and Cybernetics, 1991, 21(6):1462-1477.

[33] Stone P, Veloso M. Multiagent systems: a survey from the machine learning perspective. Autonomous Robots, 2000, 8(3):345-383.

[34] Harsanyi J C, Selten R. A General Theory of Equilibrium Selection in Games. Cambridge: Massachusetts Institute of Technology Press, 1998.

[35] 陈哲,吉熙章. 机器人技术基础. 北京:机械工业出版社,1996.

[36] 王文学,孙萍,徐心和. 足球机器人系统结构与关键技术研究. 控制与决策,2001,16(2):233-235.

[37] Tsoularis A Kambhamptai C. On-line planning for collision avoidance on the nominal path. Journal of Intelligent and Robotics Systems, 1998, 21(4):327-371.

[38] 王文学,赵姝颖,孙萍,等. 多智能足球机器人系统的关键技术. 东北大学学报(自然科学版),2001,22(2):192-195.

第2章 多Agent的信息融合模型与方法

2.1 引 言

人类长期以来所进行的各种活动，其根本出发点就是对现实世界的认识、描述、分析、改造和利用。“系统”这一概念就来源于人类长期的社会实践，它被广泛地用于对现实世界的描述、研究和抽象。根据各类系统的不同特点，人们提出了各种各样的系统建模和分析方法。但随着研究的深入，在面对一些巨大、分布、开放以及具有智能化和社会性等特点的复杂系统时，人们常常发现缺少一种有效的抽象方式和研究思路。而实际上，人们感兴趣的系统大都具有此类特征。我们认为随着认知科学、社会科学以及计算机和人工智能[1]等学科的发展，建立在个体的意识行为和自治特性基础上，同时强调个体之间交互协调的MAS理论是一种合适并可行的问题描述与求解思路。

Agent技术是当今人工智能中的前沿学科，近几年来随着计算机网络和信息技术飞速发展而得以广泛应用，Agent技术成为解决复杂系统中分布式环境下问题的一种行之有效的方法。MAS是多个Agent的相互通信、协作的有机组合，其目标是将大的复杂系统建成小的、彼此相互独立、相互通信与协作、易于管理的子系统，并由相应的Agent来完成子系统的任务，通过多个Agent的协作、协调解决复杂系统的问题。

Agent的基本思想是采用软件实体Agent模拟人类的社会行为和社会观，包括人类社会的组织形式、协作关系、进化机制以及认知、思维和解决问题的方式。由于Agent具有高度的自治性、协作性、智能性等特点，使得采用先进的Agent技术来实现日益呈现大型化、集成化、复杂化的多机器人系统成为很自然的想法。

多Agent技术的研究涉及Agent的知识、目标、技能、规划以及多Agent协调等。本章首先对MAS中的Agent体系结构以及MAS体系结构进行了分析与研究，针对MAS的分布式特点，以Agent作为信息节点，建立多Agent信息融合模型；最后，分析和研究多Agent协调中的学习与对策，为本书以后的内容提供了研究框架与方法。

2.2 Agent与MAS的概念及特性

Agent的理论、技术,特别是多Agent的理论和技术,为分布式开放系统的分析、设计和实现提供了一个崭新的途径。Agent理论与技术研究最早源于分布式人工智能,从20世纪80年代末开始,Agent理论、技术研究从分布式人工智能领域中拓展开来,并与其他许多领域相互借鉴和融合,在许多领域得到了广泛的应用。面向Agent技术已经得到了学术界和企业界的广泛关注。

2.2.1 Agent的由来及定义

Agent技术的思想起源于分布式人工智能,并随着分布式人工智能和计算机技术的发展,逐渐发展成一门新理论。自人工智能(artificial intelligence,AI)20世纪50年代诞生以来,人们对其研究不断深化。到了20世纪70年代,AI的协作性和分布性引起人们的研究兴趣,逐步形成人工智能的一个活跃分支,即分布式人工智能,并在解决复杂系统问题方面表现出强大的生命力。随着计算机网络技术的迅速发展,基于网络的分布式计算和分布式人工智能技术的有机结合成为解决复杂系统问题最有效的手段。分布式人工智能主要研究在逻辑上或物理上分散的智能系统如何并行、协作地进行问题的求解。分布式人工智能分为两个基本的研究领域:分布式问题求解(distributed problems solving,DPS)和MAS。近年来,对MAS的研究越来越受关注,许多关于MAS的国际会议定期召开,如"多Agent中Agent的建模"欧洲学术会议、"自治Agent和多Agent"国际会议等。基于MAS的各种应用系统也不断出现,如澳大利亚人工智能研究所研发的OASIS空中交通管理系统、美国卡内基·梅隆大学研制的访客接待系统等,反映出整个人工智能研究界开始重视系统的集体行为和各子系统(Agent)的整合效应[2]。

现在Agent已成为AI研究的一个基本术语。许多有影响的软件开发公司和组织如Microsoft、IBM、SUN、BEA等公司积极开展Agent技术的研究,FIPA和OMG下属的Agent工作组正致力于Agent技术标准的制定[3,4]。Agent和面向Agent系统技术已成为人工智能和计算机学科领域发展最快的课题之一。

随着Internet/Intranet的出现和应用的不断扩大,越来越多的应用呈现出数据、资源、能力的分布、开放、动态、异构等特征,现实世界中系统的分布性、复杂性已超过了常规方法及神经网络、专家系统、遗传算法等智能计算方法解决问题的能力。Agent技术在解决复杂系统问题、适应复杂系统新的特征方面表现出良好的灵活性和有效性。因此,Agent技术正受到越来越多的关注和重视。

人类社会进入信息化社会,各种新的信息资源以极高的速度大量涌现,其中多数为不同形式的异质信息，这些信息采用不同的标准，提供不同的信息服务。人们开发出了大量的软件产品，服务于各个不同领域。但要使多种孤立的软件协作完成一项复杂任务，却常常需要花费大量的人力和物力。自 20 世纪 70 年代开始的人工智能技术和分布式系统发展，分布式人工智能研究受到人们的广泛关注，大量的理论和系统层出不穷。分布式人工智能涉及协调的智能行为，该行为使智能实体能协调它们的知识、技能和规划。

目前 IT 界的 Agent 概念是由 MIT 的著名计算机学家及人工智能学科创始人之一 Minsky 提出的，他的 *Society of Mind* 一书将社会与社会行为概念引入计算系统。传统的计算系统是封闭的，需要满足一致性要求[5]。然而社会机制是开放的，不能满足一致性条件，这种机制中的部分个体在矛盾的情况下，需要通过某种协商机制达成一个可接受的解。Minsky 将计算社会中的这种个体称为 Agent。Agent 是一些具有特别技能的个体，这些个体的有机组合构成计算社会——MAS。Simon 的有限性理论是 MAS 思想形成的另一个重要基础[6]。Simon 认为一个大的结构把许多个体组织起来可以弥补个体工作能力的有限；每个个体负责一项专门的任务可以弥补个体学习新任务能力的有限；社会机构间有组织的信息流动可以弥补个体知识的有限：精确的社会机构和明确的个体任务可以弥补个体处理信息和应用信息能力的有限。

20 世纪 70 年代中期分布式人工智能领域的研究者开始研究 Agent 的基本理论和体系结构。从 20 世纪 90 年代中期开始，分布式人工智能的研究重点逐渐转到 MAS 的研究上。网络时代的到来和信息高速公路的出现，使整个计算环境发生了深刻的变革。20 世纪 90 年代 Agent 技术在全世界范围内得到迅猛发展。Agent 可看做在线的伪人类(pseudo-people)，Agent 是组成所谓 Agent 社团的成员，Agent 可以是一个人、一台机器或者一个软件。

2.2.2 Agent 的特性

Agent 与对象既有相同之处，又有很大的不同。Agent 和对象一样具有标识、状态、行为和接口。但 Agent 和对象相比主要有以下差异：

(1) Agent 具有智能，通常拥有自己的知识库和推理机。而对象则一般不具备智能性。

(2) Agent 能够自主地决定是否对来自其他 Agent 的信息作出响应，而对象却必须按照外界的要求行动。也就是说 Agent 系统能封装行为，而对象只能封装状态，不能封装行为，对象的行为取决于外部的方法调用。

(3) Agent 之间的通信通常采用支持知识传递的通信语言。

Agent 可以看做一类特殊的对象，即具有心智状态和智能的对象。Agent本身可以通过对象技术构造，而且目前大多数 Agent 都采用了对象技术。从分布式人工智能的角度来看，一个 MAS 是一个由问题求解实体构成的松散网络，MAS 用于由多个自治构件组成的系统，该系统一般具有以下特征：每个 Agent 都不具备解决问题的完整知识；没有全局系统控制；数据是分散的；计算是异步的。

纵观 Agent 的各种定义及其应用，可以归纳出它的基本特性如下[7,8]：

(1) 自治能力(autonomy)：Agent 能够在没有他人或其他 Agent 的直接干预下运行，具有控制其自身行为和内部状态的能力。

(2) 社会能力(social ability)：Agent 具有借助某种 Agent 通信语言与其他 Agent 或人类进行交互的能力。

(3) 反应能力(reactivity)：Agent 能够感知它所处的环境，能够对环境的变化作出及时而适当的反应。

(4) 主动性(pro-activity)：Agent 不仅是对所处的环境作出简单的响应，更重要的是采取积极主动的目标驱动的行为。

(5) 适应性(adaptability)：Agent 应能调节自身的行为，以适应用户的习惯、工作方式和喜好。

(6) 协作性(collaboration)：Agent 不是盲目地接受和执行指令，还应考虑到用户的错误(如给出目标冲突的指令)，适当处理不重要或不明确的信息，并可通过与其他 Agent 的协商或协调来处理这些错误。

(7) 可信性(creditability)：Agent 遵守 Agent 社会的法则，从该角度看 Agent 是可信赖的。

(8) 理性(reasoning)：Agent 自身没有冲突的目标，其行动总是基于内部已有目标，而且行为有助于目标的实现，而非故意阻止其目标的实现。

以上 Agent 这些重要的特性都是我们在工程中最感兴趣和最需要的，但并非所有 Agent 都必须具备所有以上这些属性，这主要取决于系统的实际需要。其中反应能力、自治能力是 Agent 最基本的能力。在最基本能力基础上，根据应用情况可以赋予其他属性，构成更为复杂的 Agent。实际上人们不可能也没必要建造一个能全部实现上述性质的 Agent 或 MAS。研究和实际应用发现，从实际工程的应用出发开发，设计包含某些属性的 Agent，就可以解决许多实际问题，并可大幅度提高系统能力和性能。

通过对 Agent 特性的分析，我们可以看出 Agent 实际上是一种具有智能特性的复杂系统的抽象。对 Agent 本质的分析可以借鉴人们描述和分析系统的立场。Dennett 等总结了人们看待系统的三种主要立场[9,10]：

(1) 物理立场：通过对系统物理特性和自然规律的描述来分析系统。

(2) 设计立场：围绕系统的设计目标的分析和实现来研究系统。

(3) 意识立场：把系统看做具有一定理性的行为主体，通过将通常应用于人类自身行为描述的一些认知概念(如信念、愿望、意图、承诺等)赋予系统，从意识推理的角度来描述和预期系统的行为。

显然，对一些具有智能特性的复杂系统而言，意识立场可以更深刻而方便地揭示系统的本质。因此，一种对 Agent 本质进行分析的最自然而直接的方法就是将 Agent 定义为具有一定理性的意识系统。从而可以将通常应用于人类自身行为描述的一些认知概念方便地赋予 Agent，从认知科学的角度探讨 Agent 的本质。

这样，我们可以说 Agent 的行为本质上决定于它的思维状态(mental states)在 Agent 追求目标的过程中，为了适应环境变化和与其他 Agent 的交互协调，Agent必须不断地调整其思维状态，作出理性的行为。从心理学观点看。Kiss 等认为人类思维状态的要素可以分为三类[11,12]：

(1) 认知类：通常意义下的认知概念，如信念、学习、知识等。

(2) 情感类：与个体行为相关的意识属性，如愿望、偏好、兴趣等。

(3) 意向类：在某种企图驱动下实施某一行为的意识，如目标、意图、规划、承诺等。

Shoham 等根据功能和应用的特点，将认知概念分为下面几种不同的类别[13]：

(1) 信息类别：用于刻画 Agent 所具有的信息，包括信念、知识、意识等。

(2) 动机类别：动机类别的认知概念在一定程度上与 Agent 的动作选择相关，包括意图、选择、目标、愿望、承诺、规划等。人们对动机类别的含义及其性质仍不十分清晰也没有形成共同的认识。因此是当前 Agent 理论研究的热点。

(3) 社会类别：社会类别的认知概念与 Agent 的社会道德行为有关，包括责任、允许等。

(4) 其他类别：大多与具体研究领域有关，如恐惧、喜欢等。

目前，人们对 Agent 思维状态的研究主要侧重于信念(belief)、愿望(desire)和意图(intension)等方面，通过引入不同的形式逻辑，建立思维属性的形式化模型，探讨这些思维属性之间的关系以及 Agent 内部的思维变化过程。应该说，基于目前认知科学的发展水平以及逻辑表述所固有的一些问题。在将 Agent 的思维属性应用于具体的 Agent 系统构造和现实的问题求解的过程中，还存在不小的障碍。但将其作为理解 Agent 行为本质的一种思路却是有效的。对此，著名的人工智能学者 McCarthy 指出[14]：将信念、愿望、意图和能力等意识概念赋予一台机器时，如果这种赋予对于机器而言，所表达的信息与将它赋予人所表达的信息一样，那么这种赋予是合理的；当赋予有助于我们了解那台机器的结构、过去或将来的行为，或如何修正和改进它时，这种赋予也是有用的；这种赋予也许并不是逻辑上需要的(即使对人而言)。但是要合理地表达在某种特定情形下，机器的实际状态到底是怎样时，采用精神特性或类似性质来描述是必要的；我们可以为机器建立比较简单的(与人相比)信念、知识和愿望理论，并最终将其应用于人；对于已知结构的机器(如计算机),这种思想是直接的,对于那些尚不清楚其内部结构的机器而言,这种思想更是极为有用的。

2.2.3　MAS 的概念与特性

简单地说,MAS 是由多个 Agent 个体构成的系统。其中的 Agent 是一种具有一定自治能力的智能实体,它们通过相互作用,用以追求某些目标或完成某些任务,即由多个相互操作、相互作用的 Agent 构成的系统。

MAS 是一个松散耦合的 Agent 网络,这些 Agent 通过交互解决超过单个 Agent能力或知识的问题[15]。MAS 的目标是将大的复杂系统(软硬件系统)建造成若干个小的、彼此通信、协作的、易于管理的小系统。这种以"分而治之""相互协作"为基本特征的 MAS 使复杂系统问题的解决成为可能。

MAS 具有如下主要特性:每个 Agent 拥有解决不同问题的不完全的信息和能力、数据分散、计算异步并行等。MAS 是人工智能技术的一次质的飞跃:首先,通过 Agent 之间的通信,可以开发新的规划或求解方法,用以处理不完全、不确定的知识;其次,通过 Agent 之间的协作,实现信息知识共享,不仅改善了每个Agent 的基本能力,而且可从 Agent 的交互进一步理解社会行为;最后,MAS 可以逐步完善,分步实施,降低了系统组织的难度,使系统更易于实现。

MAS 具有自主性、分布性、协作性、并发性,采用 MAS 技术描述实际系统时,通过各 Agent 间的通信、合作、协调、调度、管理及控制来表达系统的结构、功能及行为特性,具有很强的鲁棒性和可靠性及较高的问题求解效率。Agent 和 MAS 技术使多个专家的合作成为可能,打破了目前知识工程领域仅使用一个专家系统的限制,可完成大的复杂系统的作业任务。由于在同一个 MAS 中各 Agent 可以异构,它不仅可以较好地融入认知科学的成果,使建模更符合人类的思维习惯,接近实际系统,实现易于理解的定性推理,同时可以融入对策论、决策论中的各种决策技术,实现定性推理与定量计算的完美结合。因此,Agent 和 MAS 技术对复杂的系统具有无可比拟的表达力,它为各种实际系统提供了一种全新的框架,其应用领域十分广阔,具有巨大的潜在市场。

2.2.4　MAS 与复杂系统

系统科学本质上是研究复杂性的科学,而真正的复杂性并不能仅仅归结于人类主观认识的局限性。也就是说,复杂性具备自身特有的规定性,即使已被人们认识,它仍然是复杂的[16]。我们可以轻易地找到复杂系统的例子,如人工系统中的 Internet 网络、分散控制系统,社会系统中的组织、团队、经济、政治以及环境系统等。归结起来,复杂系统具有下面一些共性[17]:

(1) 系统各部分之间是分布的,同时也是广泛联系的。其中每一部分的变化都会受其他部分影响，并会引起其他各部分的变化。

(2) 系统具有多层次、多功能的结构。每一层次均成为构建其上一层次的单元，同时也有助于系统某一功能的实现。

(3) 系统在发展过程中能够不断地学习和发展，并促进其结构的重组和完善。

(4) 系统是开放的，它与环境有密切的联系，能与环境相互作用，并促进系统向更好的适应环境的方向发展。

(5) 系统是动态的，它处在不断的发展之中，而且系统本身对未来的发展具有一定的预测能力。

显然，针对这样的系统是很难采用现有的方法给出其彻底和精确的描述的。为此，人们提出了各种各样的方法，归结起来可以分为三大类：分解、抽象和综合。所谓分解，即把一个系统整体分为各个组成部分，通过对各个部分的研究，推导出系统整体的特性，这正是还原论的出发点；所谓抽象，即根据研究的需要，提取系统的某些属性而剔除其他属性，从而对系统进行简化，这正是建模分析的基础；所谓综合，即强调从系统整体出发，强调对系统各元素间相互关系的刻画，这正是整体论的出发点。系统论认为，对复杂系统的研究，必须将三者结合起来，即钱学森提出的“系统论是还原论和整体论的辩证统一”[16]。

MAS 能够从这三方面提供了一个可供实践的复杂系统的分析模式。具体可以归纳为下面三点：

(1) MAS 有利于复杂系统的分解。首先，MAS 与复杂系统一样，存在着内在的分布性，因此便于将复杂系统分解为相互关联的各个子系统或构成单元；其次，Agent 作为自治的意识主体，具有一定的思维意识和行为能力，可有效减小系统部分之间的耦合；同时，这也保证了 Agent 通过对内的调整和对外的协调，适应不断变化的动态环境。

(2) MAS 有利于复杂系统的抽象。系统抽象的关键是保证模型的有效性。对比 MAS 与复杂系统的特性，我们可以发现，它们在本质上是一致的。MAS 与复杂系统都具有本质上的分布性；从 Agent 个体到系统构成单元，从 MAS 组织到子系统或系统，MAS 与复杂系统具有自然的对应关系；个体与个体之间、个体与环境之间的相互影响和作用是复杂系统演变和进化的动力，而这也正是 MAS 的本质特性。

(3) MAS 有利于复杂系统的综合。复杂系统的各部分之间具有一定的联系和结构，并从整体上表现出个体不具有的涌现性。MAS 中的 Agent 可以根据需要对应各种粒度的系统元素或子系统，并在一定意识支配下，形成各种类型的组织形态，从而反映组织内部的各种关系和结构，同时反映组织整体的功能和特性。

实际上，基于 MAS 的复杂系统建模思想反映了复杂性产生的一种重要机制，即系统的复杂性来源于系统内部,正是系统内部各元素之间不断的交互作用,才促进了宏观系统整体的演变和进化。这正是复杂适应系统(complex adaptive systems,CAS)理论的核心思想[16],即"适应性产生复杂性"。其中的"适应性"即强调系统中的元素具有与环境以及其他元素进行交互作用的能力。显然它和我们这里定义的 Agent 的意识属性是一致的。在 CAS 理论基础上,Holland 等提出了复杂系统的仿真分析平台——SWARM,从而为复杂系统的计算分析提供了实用化的解决方案强。

综上所述,我们可以说基于 MAS 的建模实际上是一种与复杂系统在内在机制上一致的建模分析方法。因此,从复杂系统映射到 MAS 是直观的、可行的、实用的。

2.2.5 MAS与智能系统

对人类智能的认识和模拟一直是人们进行科学研究的重要出发点,在这方面,人类的研究历史已有数千年。然而过去的研究基本上是哲学思辨式的讨论和基于经验的观察。认知科学和人工智能则发展了关于认知和智能的基本概念和方法论,企图使人们对智能的研究建立在现代科学的基础之上。其中最重要的一类方法可以统称为"认知的计算理论"[18],或称为"符号主义学说""经典人工智能"等。

"认知的计算理论"的一个最基本的概念来自图灵机意义下的"计算",其中心论题是"计算"在人类认知和智能表现过程中具有重要作用。在这个基础上,认知科学的开创者(如 Minsky 和 Simon)开始提出一些关于智能本质的理论假设,提出了目前在西方认知科学中占主导地位的"认知的计算理论",即认为"认知即计算"——无论人脑和计算机在硬件层次乃至在软件层次可能是如何不同,但是在计算理论的层次,它们都具有产生、操作和处理抽象符号的能力;作为信息处理的系统,无论人脑还是计算机都是操作处理离散符号的形式系统。这种离散符号的操作过程就是图灵机意义下的"计算"。"认知的计算理论"认为,认知和智能的任何一种状态都不外乎是图灵机的一种状态,所有的认知和智力活动都是基于离散符号的、可以一步一步地机械实现的"计算",所以这种理论又被称为"符号主义学说"。

"认知的计算理论"的提出是认知科学对智能研究的重大贡献。正如 Simon 回顾认知科学发展的历史时所说的:"在把计算机看成通用的符号处理系统之前,我们几乎没有任何科学的概念和方法来研究智能的本质"。"符号主义学说"对于人工智能的发展起到了重大的推动作用,成为人工智能、认知心理学、语言学发展的指导思想。近 20 年来,无论 Newed 和 Simon 的通用问题求解器(general problem solver,GPS),还是日本的第五代计算机;无论 Quillian 的基于语义网络的命题式知识表示，还是 Kosslyn 基于意像(mental images)的模拟式知识表示；无论 Mars 的视觉计算理论体系，还是 Treisman 的注意特征整合理论等，这些对认知和智力的理解，对人工智能的发展起到强大推动作用。认知科学的重要贡献，尽管涉及认知和智力的广泛的和不同层次的研究内容，但都是在认知的计算理论指导影响下取得的成果[19]。

然而，计算并非人类认知和智力活动的全部或者说主要内容。Simon 在 1965 年曾预言“在 20 年内，机器将能做出人类能做的所有工作”；Minsky 在 1977 年也曾预言过“在一代人之内，创造‘人工智能’的问题将会基本解决”。然而这种突破至今没有出现。人工智能的发展不时地陷入没有预想到的深刻困难，这实际上预示了人工智能的发展不仅存在技术上的原因，更重要的是人工智能的根本概念和理论存在问题，也就是说是否能把认知的本质仅仅看做计算。

这些年来，人类在认知学和实验心理学等方面的进展为这种担心提供了事实根据。人们首先发现，人类在视觉和知觉等方面表现出来的认知和智力活动是“认知的计算理论”无法解释的。同时，这种基于计算的理论几乎必然导致一定情况下的计算复杂性，从而无法解释各类 Agent 如何在有时间限制的环境中有效地工作。另外，认知的计算理论在本质上决定了它在表达和推理有关复杂、动态或实时的环境时存在无法解决的问题。

上述两方面的事实证明了在认知与智能问题上，存在着一个比符号处理更本质的问题，我们应当重新思考作为计算机科学基础的图灵机意义下的计算概念在认知和智能行为过程中的意义，特别是重新思考把认知和智能本质上看成计算的、目前占统治地位的“认知的计算理论”。我们要科学地研究和正确地理解人类的认知和智力较之“认知的计算理论”可能存在的基本区别，从而探索认知和智能的新的原则和模型。

在各种新的探索过程中，一类基于生物体智能研究成果的称为子符号(sub-symbol)的方法开始掀起一股新的人工智能研究热潮(即联结主义(connection-ism)的学说)[18]。这种方法通常强调采用自下而上的方式构建智能系统，强调通过系统各组成单元的联系，反映系统智能的发展。在子符号方法中比较典型的方法有 Animal Approach。持这种方法的研究者认为，人的智能是经过了数十亿年或更长时间的进化才形成的，为了制造出真正的智能系统，我们必须沿着这些进化的步骤实施。也就是说，我们现在的重点在于研究复制信号的能力和简单动物(如昆虫)的控制机制，通过它们与环境的交互，从而沿着进化的阶梯向上前进。这种方法不仅能在短期内创造出实用的人造物，又能为更高级智能系统的建立打好坚实的基础。

大多数子符号方法仍然是基于计算的，如神经计算(neural computing)、大规模平行计算(massively parallel computation)。但其重要的突破就是强调进化过程，强调个体之间以及个体与环境之间的交互作用。从最初的Rule Based Systems、Connectionist Systems、Situated AI Systems到现在的Animal Systems，智能系统的发展历程也很清晰地说明了人们对智能的认识过程。今天，Holland基于CAS理论的SWARM智能系统已经成为目前研究智能的重要思路和方法。

从上面人类研究智能系统的过程，我们可以看出，人们已经越来越深刻地认识到智能和交互作用是紧密地、不可避免地结合在一起的，而MAS正好反映了这种内部特性，因此，可以说MAS提供了一种自然的视角来观察和刻画智能系统。

MAS理论认为，自然界中的智能系统（如人）是不可能在一种相互隔绝的环境中生存的。相反，他们至少是环境中的一部分，并在其中与其他智能系统产生交互，从而完成自身和组织的共同发展。人类以多种方法，并且在多种水平上相互作用，人类取得的大多数成绩都是相互交互的结果。同时MAS能够提供较好的洞察和理解自然界生物体的交互作用的方法，例如，他们为了达到某个目标而组成不同的小组、委员会、社会和经济团体等做法，这些还很少被我们所真正认识。

实际上，在人工智能的研究中，人们将Agent的概念提高到如此重要的地位并不仅仅是因为人们认识到了Agent概念自身如何重要，或者说Agent提供了一种模式，从而有利于将人工智能各个领域的研究成果综合起来，并集成为一个具有智能行为的意识主体，从而得到类似人的智能系统，更重要的原因是人们认识到，人类智能的本质是一种社会性的智能。实际上，由于客观世界的无限丰富性和处于其中的个体的资源有限性之间存在着绝对的矛盾，任何Agent的进化和发展都必须建立在社会性的基础上。

2.3 信息融合技术概述

随着微电子技术、信号检测与处理技术、计算机技术、网络通信技术以及控制技术的飞速发展，各种面向复杂应用背景的多传感器系统大量涌现。在这些多传感器系统中，信息表现形式的多样性、信息数量的巨大性、信息关系的复杂性以及要求信息处理的及时性、准确性和可靠性都是前所未有的。这就必须利用计算机技术对获得的多传感器信息在一定准则下加以自动分析、优化综合以完成所需的估计与决策[20,21]——多传感器信息融合技术得以迅速发展。

多传感器信息融合实际上是对人脑综合处理复杂问题的一种功能模拟。在多传感器系统中，各种传感器提供的信息可能具有不同的特征：时变的或者非时变的、实时的或者非实时的、快变的或者缓变的、模糊的或者确定的、精确的或者不完整的、可靠的或者非可靠的、相互支持的或互补的、相互矛盾或冲突的。多传感器信息融合的基本原理就像人脑综合处理信息的过程一样，它充分地利用多个传感器资源,通过对各种传感器及其观测信息的合理支配与使用,将各种传感器在空间和时间上的互补与冗余信息依据某种优化准则组合起来,产生对观测环境的一致性解释和描述。信息融合的目标是基于各传感器分离观测信息,通过对信息的优化组合导出更多的有效信息。这是最佳协同作用的结果,它的最终目的是利用多个传感器共同或联合操作的优势,来提高整个传感器系统的有效性。

2.3.1 信息融合的概念与定义

信息融合是20世纪70年代提出来的,经过几十年的研究,至今仍然没有一个被普遍接受的定义。这是因为其研究内容的广泛性和多样性,很难对信息融合给出一个统一的定义。目前能被大多数研究者接受的有关信息融合的定义,是由美国国防部领导下的C^3I(Command,Control,Communication and Intelligence System)助理机构授权实验室数据融合小组联合指导委员会(Joint Directors of Laboratories Data Fusion Subpanel,JDLDFS)提出来的[22],1994年由澳大利亚防御科学技术委员会(Defense Science and Technology Organization,DSTO)加以扩展,从军事应用的角度给出的定义。它将信息融合定义为一种多层次、多方面的处理过程,包括对多源数据进行检测(detection)、相关(correlation)、组合(combination)和估计(estimation),从而提高位置估计(position estimation)和身份估计(identity estimation)的精度,以及对战场态势评估(situation assessment)和威胁估计(threat assessment)及其重要程度进行适时的完整评价。

上述信息融合的定义强调了三个主要方面:

(1) 信息融合是在几个层次上对多源数据的处理,每个层次表示不同的信息提取级别;

(2) 信息融合过程包括检测、关联(相关)、跟踪、估计及数据组合;

(3) 信息融合过程的结果包括低层次的状态和属性估计及较高层次的整个战斗态势评估。

该定义只适合特殊的行为和给定的应用领域,为此给出具有一般意义上更通用的定义,所谓多源信息融合,就是充分利用不同时间与空间的多传感器信息资源,采用计算机技术对按时序获得的多传感器观测信息在一定准则下加以自动分析、综合、支配,得到被测对象的一致性解释与描述,以完成所需的任务,使系统获得比它的各组成部分更优越的性能。可见,多传感器系统是信息融合的硬件基础,多源信息是信息融合的加工对象,协调优化和综合处理是信息融合的核心。

信息融合研究的关键问题,就是提出一些理论和方法,对具有相似或不同特征。模式的多源信息进行处理,以获得具有相关和集成特性的融合信息。研究的重点是特征识别和算法,这些算法使得多传感信息的互补集成,改善不确定环境中的决策过程,解决把数据用于确定共用时间和空间框架的信息理论问题,同时用来解决模糊、矛盾的问题。

信息融合系统将充分利用每一个信息源的优点。通过对各种观测信息的合理支配与使用，克服其自身的缺点，在空间和时间上把互补与冗余信息依据某种优化准则结合起来，产生对观测环境的一致性解释或描述，同时产生新的融合结果。其目标是基于各种信息源的分离观测信息，通过对信息的优化组合导出更多的有效信息，最终目的是利用多个信息源共同或联合操作的优势来提高整个系统的有效性。在这里信息的互补性与冗余性是两个基本因素。

信息融合系统与所有单传感器信号处理或低层次的多传感器数据处理方式相比，单传感器信号处理或低层次的多传感器数据处理都是对人脑信息处理的一种低水平模仿，它们不能像多传感器信息融合系统那样有效地利用多传感器资源。多传感器系统可以更大程度地获得所探测目标环境的信息量。多传感器信息融合与经典信号处理方法之间也存在本质的区别，其关键在于信息融合所处理的多传感器信息具有更复杂的形式，而且可以在不同的信息层次上出现。这些信息抽象层次包括数据层(即像素层)、特征层和决策层(即证据层)。

2.3.2　信息融合的模型

信息融合模型是信息融合系统搭建、开发、维护、推广、分析等工作的基础，关于信息融合模型已经有了不少的研究成果，文献[23]对它们进行了细致的比较总结。关于信息融合模型的研究一般针对特定应用领域，根据分析角度的不同可以分为结构模型和功能模型。

1. 结构模型

信息融合的结构模型主要研究信息融合系统的内部结构、模块接口、控制与数据流、人机交互等内容，不同的抽象层次对应不同的结构模型。检测级结构模型包括并行模型、串行模型、树状模型等，位置级模型有集中式、分布式、混合式等。属性级结构模型应用较为广泛，它根据融合过程在系统中位置的不同，将信息融合过程划分为数据层融合、特征层融合和决策层融合三个层次[21]。

1) 数据层融合

数据层融合结构如图2.1所示，它直接对观测数据进行融合，然后再基于融合后的数据进行后续处理，是最低层次的融合。数据层融合不存在信息丢失问题，能够提供较多的细节信息，得到的结果精度最高。但是，数据层融合要求多源数据来自于同质传感器，并且对系统的数据处理能力和通信带宽要求很高。

2) 特征层融合

特征层融合结构如图2.2所示，它先从观测数据中提取出具有代表性的特征，然后对特征进行融合，最后基于融合结果进行后续处理，属于中间层次的融

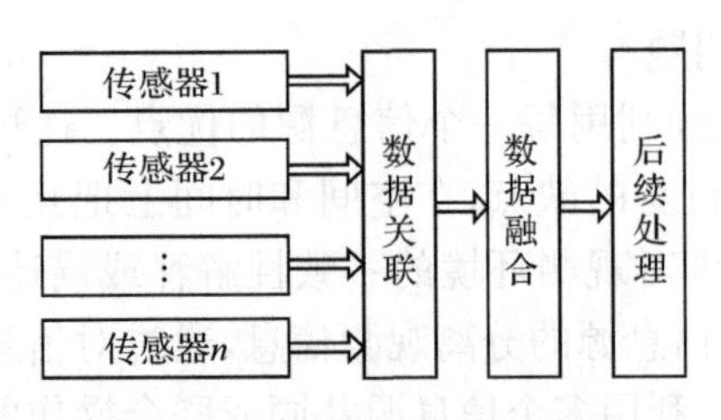

图 2.1 数据层融合结构

合。特征层融合对系统的数据处理和通信能力的要求相对较低，但是融合的精度也因为信息损失有所下降。

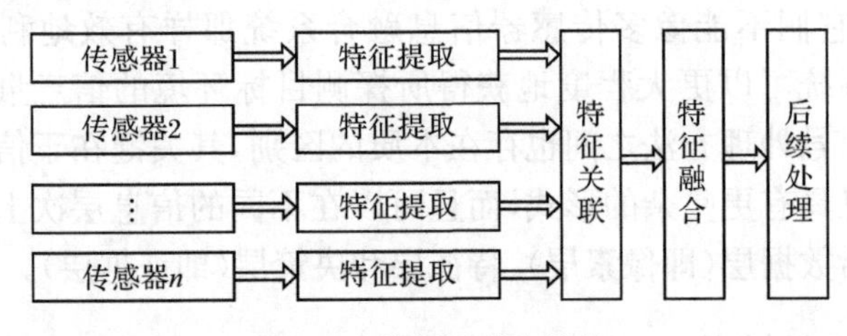

图 2.2 特征层融合结构

3) 决策层融合

决策层融合结构如图 2.3 所示，每个数据源首先根据各自数据作出决策，然后将多个决策结果进行融合，属于最高层次的融合。决策层融合具有通信量小、抗干扰能力强、对传感器依赖程度低等特点，但也存在数据损失量大、精度低等问题。

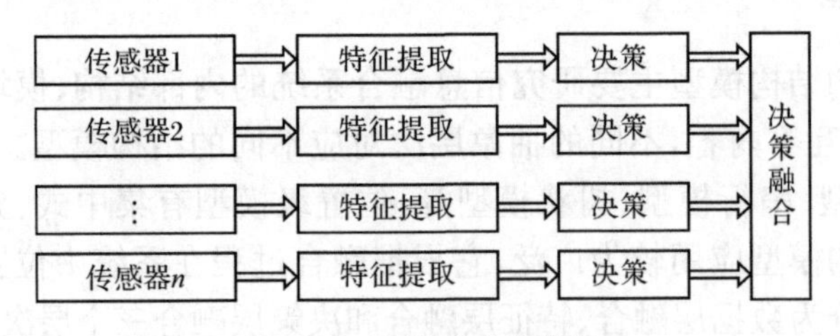

图 2.3 决策层融合结构

在实际应用系统开发中，往往涉及不同层次的信息融合，可以根据实际地域跨度、通信带宽等因素选择合适的结构模型。

2. 功能模型

信息融合的功能模型从功能角度对信息融合系统进行模块划分，下面介绍一些经典的信息融合功能模型。

1) OODA模型[24]

OODA模型如图2.4所示，它由观测(observe)、定向(orient)、决策(decide)和行动(act)四部分构成，通常被称为OODA环。Boyd建立OODA环主要是为了分析战斗机飞行员的获胜因素，认为战斗中获胜的飞行员拥有最快的OODA环。所以快速OODA环策略可以认为是特定场合、时间约束下的决策问题。

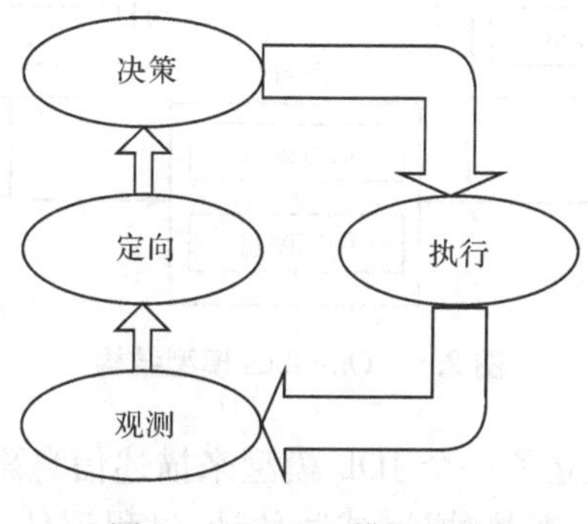

图2.4 OODA模型结构

2) 瀑布模型[25]

瀑布模型由图2.5所示的三个层次构成。第一层是数据层，主要任务是传感器数据进行收集和预处理，提供目标的相关信息；第二层是特征层，主要进行特征提取、模式处理和特征融合；第三层是决策层，主要对目标的状态进行解释，完成决策。另外，为了得出更好的决策，在决策输出与传感器系统之间一般存在一条反馈控制回路，提供对系统重新配置的功能。

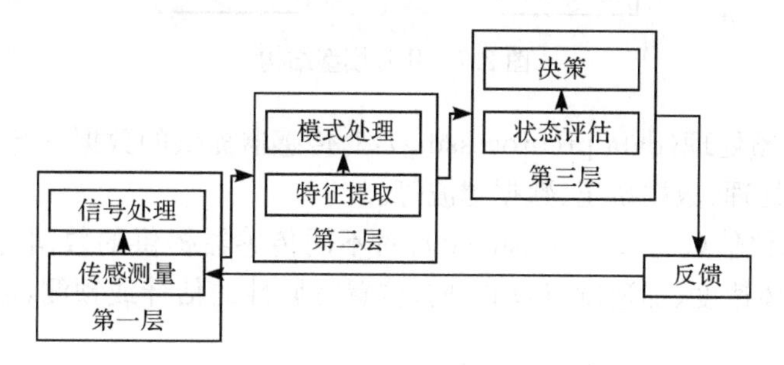

图2.5 瀑布模型结构

3) Omnibus模型[26]

Omnibus模型综合了OODA模型和瀑布模型的优点，使用了瀑布模型中的基本处理过程，并加强了循环反馈功能，构成的信息处理环状结构如图2.6所示。

4) JDL模型[22]

美国的JDL组织为了促进信息融合系统理论研究人员、设计人员、使用人员

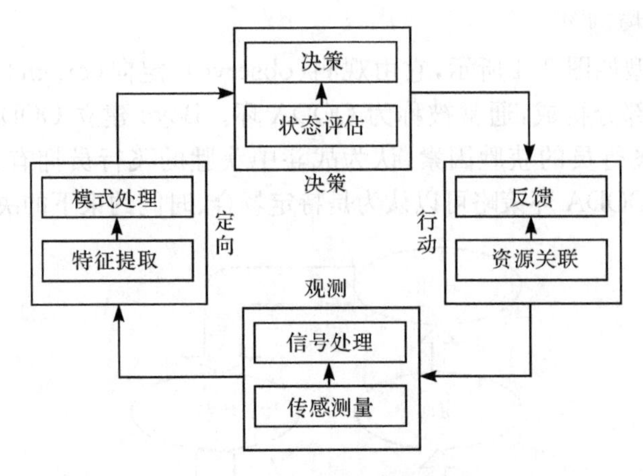

图 2.6　Omnibus 模型结构

之间更好地沟通交流，建立了一个 JDL 模型来描述信息融合，将信息融合过程分为数据预处理、目标评估、态势估计、威胁估计、过程评估五个组成部分，如图 2.7 所示。

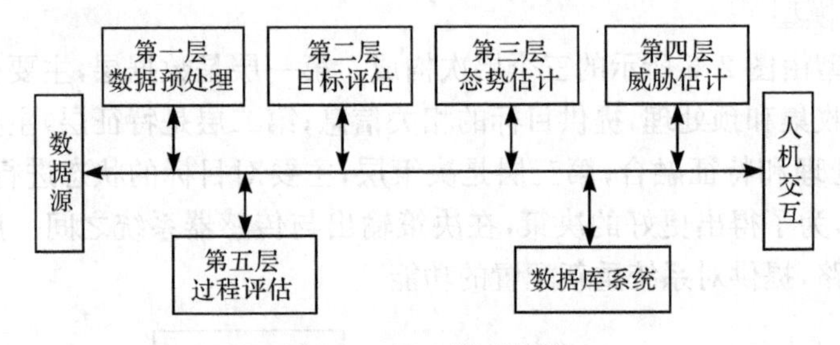

图 2.7　JDL 模型结构

(1) 数据预处理(data preprocessing)：对传感器提供的数据进行预处理，如图像处理、信号处理、数据矫正、数据滤波等。

(2) 目标评估(object assessment)：对不同传感器提供的数据进行抽取和合成，完成对实体速度、加速度、运动方向、位置等属性的估计或预测，以实现对目标身份的估计。

(3) 态势估计(situation assessment)：使用自动推理、人工智能相关方法描述实体与目标之间的关系或它们与环境之间的关系。

(4) 威胁估计(impact assessment)：对当前所处环境中的威胁因素进行预测，并对采取某种行动的风险和效果进行预测。

(5) 过程评估(process assessment)：通过建立指标体系，根据特定任务目标对融合过程进行综合评价，指导融合过程的自适应调整和资源的优化配置，提高融合系统的性能。

为了拓展 JDL 模型的应用范围，文献[27]在原有 JDL 模型基础上增加了图 2.8 所示的认知优化过程，主要关注融合系统与用户之间的交互，通过改善融合结果的表现方式将融合后的关键信息提供给用户，从而改善决策形成过程。

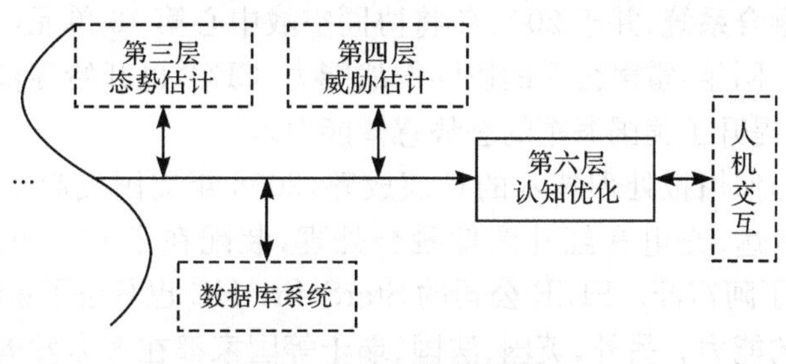

图 2.8　JDL 修订模型

虽然上述功能模型在结构上有较大差异，但是分块分层的思想基本一致，都是将比较复杂的系统划分成若干完成特定功能的子模块。不同功能模型模块间具备一定的对应关系，如表 2.1 所示。

表 2.1　信息融合功能模型模块间对应关系

	OODA 模型	瀑布模型	Omnibus 模型	JDL 模型
行动	行动	—	—	—
决策	决策	决策	决策	第五层
威胁估计	定向	—	—	第四层
态势估计		状态估计	上下文处理	第三层
信息处理		模式处理	模式处理	第二层
		特征提取	特征提取	
信号处理	观测	信号处理	信号处理	第一层
传感测量		传感测量	传感测量	—

2.3.3　信息融合应用与发展现状

国外对信息融合技术的应用可追溯到 1973 年美国开展的多声呐信号融合潜艇探测系统，随后开发的战场管理与目标检测系统(BETA)进一步展示了信息融合技术的魅力，一些实际军事系统的成功应用使得信息融合技术受到军事专家的青睐，在军事领域的应用需求也一直是信息融合技术发展的主要动力。从 20 世纪 80 年代开始，信息融合技术的飞速发展催生了以信息融合为中心的新型 C4ISR 工作方式，并产生了战术指挥控制(TCAC)、海军战争状态分析显示(TOD)、自动多传感器部队识别(AMSUI)等第一代信息融合系统。到 20 世纪 80 年代末期，美军已将大约 50 个具备信息融合能力的功能部件配置到了军用电子信息系统中。20 世纪 90 年代开始，美、英等国陆续研发了全源分析系统（ASAS）、海军指挥控制系统（NCSS）、敌方态势估计（ENSCE）、炮兵信息融合系统（AIDD）、舰载多传感器信息融合系统（ZKBS）等第二代信息融合系统。之后，美国开始研制第三代信息融合系统，并于 2001 年将协同空战中心第 10 单元（TST）配置到了沙特美军基地。同年，雷声公司的协同作战能力（CEC）也开始逐步装备美国海军舰队，较大程度提升了美国海军的态势感知能力。

随着多源图像情报处理技术的日臻成熟，2008 年美国发起了"Shadow Harvest"计划，将雷达、光电和红外图像融合处理，装配在了 C-130H 运输机，并于 2010 年部署到了阿富汗。FLIR 公司的 StarSafire HD 也具备了将红外、彩色光电图像实时融合的能力。另外，英国、法国、瑞士等国家都在大力发展多源图像融合装备。由于信息融合技术在军事应用领域表现出的巨大效能，美国把信息融合作为 GIG、CEC、C4ISR、C4KISR 和弹道导弹防御系统中的关键支撑技术，并开始研发可综合处理信号情报（SIGINT）、图像情报（IMINT）、通信情报（COMINT）、地理空间情报（GEOINT）、人工情报（HUMINT）、公开情报（OSINT）等的新型信息融合系统[20]，诺斯罗普·格鲁曼公司甚至评价传感器信息融合技术是传感器技术应用的"圣杯"。经过几十年的研究，国外信息融合技术取得了长足的进步，出现了一批优秀的学术专著，例如，Waltz 等的《多传感器数据融合》[28]、Hall 等的《多传感器数据融合手册》[29]、Hall 和 McMullen 的《多传感器数据融合中的数据技术》[27]、Bosse 等的《信息融合中的概念、模型与工具》[30]、Blasch 等的《高层信息融合管理与系统设计》[31]等。为了促进信息融合领域学者间的沟通和交流，国际信息融合学会（International Society of Information Fusion，ISIF）于 1998 年在美国成立，每年举办一次信息融合国际会议，并于 2000 年正式创办了会刊，人们对信息融合技术的关注上升到了一个新的高度。

国内学者从 20 世纪 80 年代初期开始研究多目标跟踪理论，直到 80 年代末期信息融合理论才受到国内学术界的重视，并形成了一股持续的研究热潮。在政府部门的大力支持下，国内的研究机构相继出版了一批著作，例如，韩崇昭等的《多源信息融合》、何友等的《多传感器信息融合及应用》与《信息融合理论及应用》、杨万海的《多传感器数据融合及其应用》等。经过几十年的发展，信息融合技术已经成为多个领域的共性基础技术，在检测融合、图像融合、态势评估、传感器资源管理等方面都取得了一些成果，一些基于信息融合技术的多目标跟踪系统相继出现，多源图像融合技术在多个领域得到了初步应用，新一代指挥信息系统也正在向多源信息融合与通信一体化方向发展。在科技论文成果方面，国内学者在信息融合国际会议发表论文的比例不断增大，从 2007 年的 8.6%提升到 2011 年的 14%，再到 2012 年的 24%，表明国内学者在信息融合领域的国际影响力在不断提高。虽然国内学者在信息融合理论研究方面取得了一些成果，但从整体水平来看,国内水平与世界先进水平尚有一定差距。主要表现在原创性成果不够丰富,理论研究的广度和深度有待提高,国内综合研究机构的国际影响力不强。

在军事领域的应用一直是信息融合技术发展最直接的动力,在应用中暴露出的问题不断引入或催生新的处理方法。信息融合系统面临的最大问题是信息的不确定性,大部分研究也是围绕解决该问题所展开,一些描述不确定性信息的数学方法受到关注。长期以来,概率论是描述不确定性信息的有效方法,可是它存在高复杂度、不一致性、信息表达能力弱等问题。模糊集理论、可能性理论、粗糙集理论、证据理论等方法的出现较好地弥补了概率论存在的缺陷,而粗糙集理论的提出进一步完善了不确定性信息的处理框架。许多信息融合方法要求信息之间满足独立性,如卡尔曼滤波、证据理论等。可是,由于观测过程中存在公共噪声、重复计算等问题,信息的独立性一般难以满足,有时会引起信息融合过程的发散或极速收敛,该问题一般通过去相关或在后续处理中消除相关影响的方法解决。冲突信息处理是信息融合中一个非常棘手的问题,产生冲突信息的原因很多,包括工作环境变化、人为干扰、知识受限等,冲突信息的处理也一直是学者关注的热点问题,一般采用识别或估计的手段在融合之前进行处理,尤其是在贝叶斯理论框架和证据理论框架中。信息融合其他方面的研究还包括信息融合模型与系统设计、相关信息合成等[32-36]。

2.4　多 Agent 信息融合模型

2.4.1　Agent 体系结构

Agent 的体系结构主要研究的是:Agent 由哪些模块组成;它们之间如何进行信息交互;如何将这些模块组合起来形成一个有机整体。目前,Agent 的体系结构大致可分为慎思型(deliberative) Agent、反应型(reactive) Agent 和混合型(hybrid)Agent[37]等。

1. 慎思型 Agent

建造 Agent 的经典方法是将其看做一种特殊的知识系统,即通过符号 AI 的方法来实现 Agent 的表示和推理,这就是所谓的慎思型 Agent,也称为思考型 Agent或认知型(cognitive)Agent,结构如图 2.9 所示。它包括对环境和智能行为的逻辑推理能力。研究 Agent 系统的目的之一是把它们作为人类个体或社会行为的智能代理。因此,Agent 就应该能模拟或表现出被代理者所具有的意识态度,如信念、意愿、目标、承诺和责任等。目前,人们侧重研究 Agent 信念、愿望、意图的关系以及它们的形成化描述[38]。

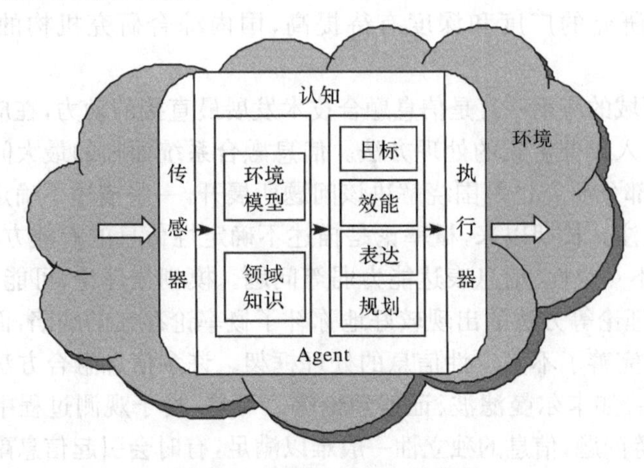

图 2.9　慎思型 Agent 的结构

2. 反应型 Agent

反应型 Agent 的研究者认为，Agent 的智能取决于感知和行动（在 AI 领域也被称为行为主义），从而提出 Agent 智能行为的"感知-动作"模型，比较典型的结构如图 2.10 所示。MIT 的 Brooks 提出一种子包含结构（subsumption architecture）的 Agent 的控制机制[39]。该结构是由用于完成任务的行为（behavior）来构成的分层结构，这些行为相互竞争以获得对机器人的控制权。这种结构虽然简单，但在实践中是非常高效的，甚至解决了一些传统符号 AI 很难解决的问题。

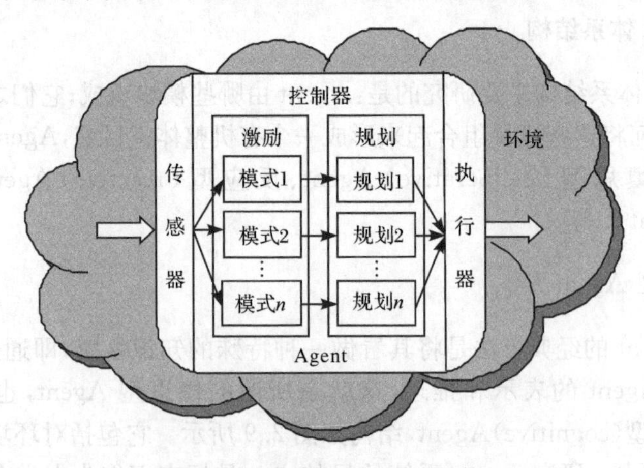

图 2.10　反应型 Agent 的结构

3. 混合型 Agent[40-44]

慎思型 Agent 具有较高的智能，但反应慢、执行效率较低；而反应型 Agent 虽然反应快、能迅速适应环境变化，但智能较低。为此，一直有人在研究将二者有机结合，使其既具有较高的智能，同时又有较快的反应速度，这就是混合型 Agent。

混合型 Agent 结构通常至少包括两层：高层是认知层，它用传统符号 AI 的方式处理规划和进行决策；低层是反应层，它能快速响应和处理环境中突发事件，不使用任何符号表示和推理系统。反应层通常被给予更高的优先级。

2.4.2　MAS 体系结构

MAS 体系结构主要包括各 Agent 之间的通信和控制模式。它的选取影响到整个系统的性能。从运行控制的角度来看，MAS 的体系结构可分为三种：集中式、分布式和混合式[45]。

1. 集中式结构

集中式结构(图 2.11)中至少拥有一个管理机构，以某种方式负责对组内的所有 Agent 成员的行为、协作、任务分配以及共享资源等提供统一的协调和管理服务，管理机构与各 Agent 成员之间具有一定程度的管理与被管理的关系。

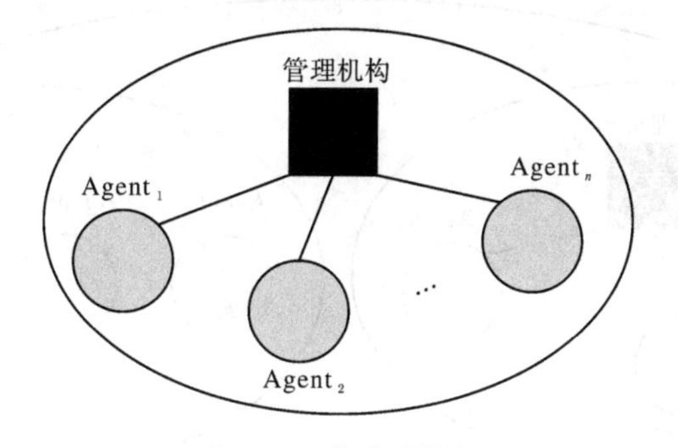

图 2.11　集中式结构

2. 分布式结构

在分布式结构中，所有 Agent 是平等关系，相互提供服务。各 Agent 之间的认为的划分和分配、共享资源的分配和管理、冲突的协调、行为的一致性等，在遵循可能的社会规则和共享资源的管理策略基础上，由各 Agent 通过彼此的相互作用和对所处环境的感知，运用其自身的知识进行合理的判断和推理自己作出决策来实现。图 2.12 所示为分布式 MAS 体系结构。

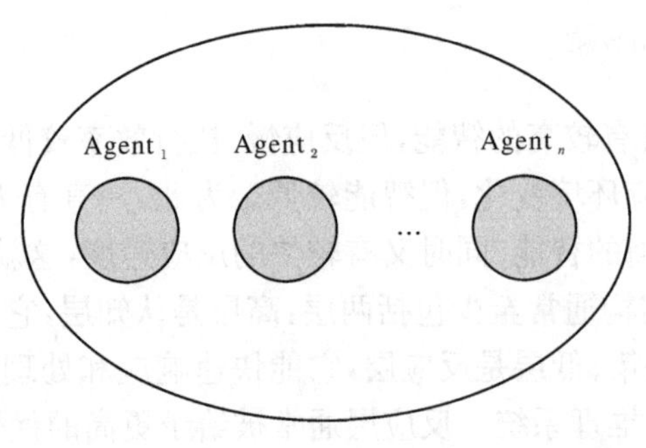

图 2.12 分布式结构

3. 混合式结构

混合式结构一般由集中式和分布式两类结构混合组成。它包含一个或多个管理服务机构,此机构只对部分成员 Agent 以某种方式进行统一管理,参与解决 Agent 之间的任务划分和分配、共享资源的分配和管理、冲突的协调等,其他成员 Agent 之间是平等的,它们的所有行为由自身作出决策。混合式结构平衡了集中式和分布式两种结构的优点和不足,适应分布式 MAS 复杂、开放的特性,因此是目前 MAS 普遍采用的系统结构。MAS 混合式结构如图 2.13 所示。

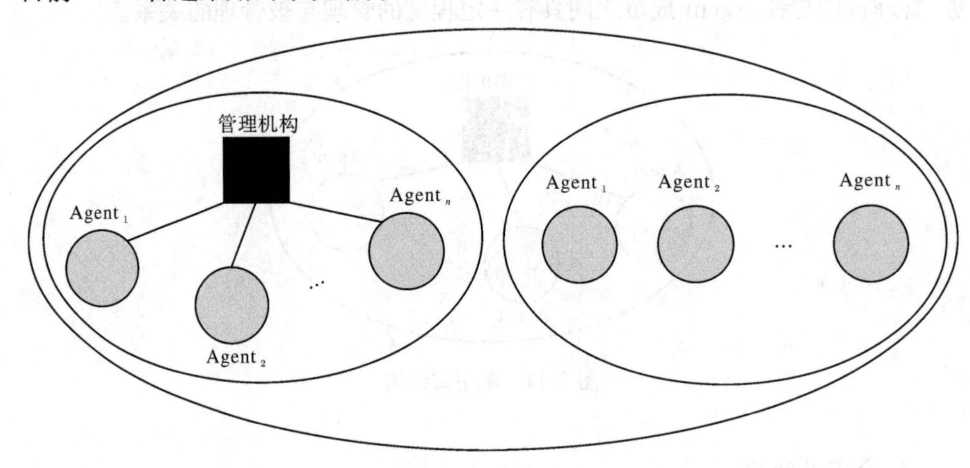

图 2.13 混合式结构

2.4.3 基于多 Agent 的信息融合模型

通常,一个传感器或信息系统大多具有某种分布性。这种分布性主要表现在以下几个方面[46]:

(1) 空间分布性。传感器或信息源在空间上是分布的,系统可以得到来自多个方面、多个位置的多种信息，为全方位了解态势提供了可能。

(2) 时间分布性。多传感器或信息源在时间上是分布的，它们可以工作在不同的时间段或时间点，提供不同时间段或时间点的信息，这为了解全时间段或全过程态势提供了基础。

(3) 功能分布性。传感器或信息源的类型可以各不相同，可以是同构的也可以是异构的，它们的功能也可以各不相同，即在功能上是分布的或多样的，因此也称为功能多样性。

上述三者相结合，为全面了解全局态势提供了基础。显然，利用多 Agent 来完成信息融合功能是可行且合适的选择。

在 MAS 中，Agent 通过协调它们的知识、目标、技能以及计划，进行决策并采取行动。在多 Agent 信息融合系统中，每个 Agent 可以具有不同领域的专家知识以及不同的决策功能，可以对环境中不同时空、不同方面、不同特点进行观测。

经过深入分析，并结合具体情况，我们提出了一种基于多 Agent 的信息融合模型，如图 2.14 所示。系统中的每个 Agent 分别对局部环境进行观测，对局部环境信息产生各自的信念；融合中心对不同 Agent 的信念进行融合，从而得出全局态势信息；决策中心对全局态势进行分析，作出全局决策[47]。

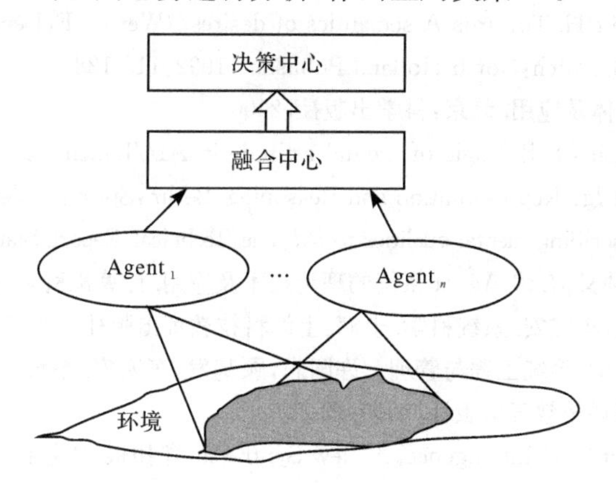

图 2.14　基于多 Agent 的信息融合模型

2.5　小　结

本章首先介绍了 Agent 与 MAS 的定义与特性，描述了信息融合技术及其发展现状；通过分析 Agent 和 MAS 的模型与体系结构，将多 Agent 引入信息融合中，提出了基于多 Agent 的信息融合模型架构。

参考文献

[1] 戴汝为. 人工智能. 北京:化学工业出版社,2002.

[2] Pan Y C, Tenebaum J M. An intelligent agent framework for enterpriseintegration. IEEE Transactions on System, Man and Cybernetic, 1991, 21(6): 1391-1408.

[3] 毛新军,王怀民,齐治昌. Agent 技术及其标准化. 计算机学,2001,28(4):1-4.

[4] 陆汝钤. 世纪之交的知识工程与知识科学. 北京:清华大学出版社,2001.

[5] Minsky M. Society of Mind. New York: Simon and Schuster, 1986.

[6] Simon H. Cognitive architectures in a rational analysis: comment//VanLehn K. Architectures for Intelligence, Hillsdale: Lawrence Erlbaum Associates, 1991: 25-39.

[7] 石纯一,等. 分布式人工智能进展. 模式识别与人工智能,1995,1:401-414.

[8] Wooldridge M, Jennings N R. Intelligent agents: theory and practice. The Knowledge Engineering Preview, 1995, 10(2): 115-152.

[9] Dennett D C. The Intentional Stance. Cambridge: The MIT Press, 1987.

[10] Haddadi A. Reasoning about Cooperation in Agent Systems: A Pragmatic Theory. Manchester: University of Manchester Institute of Science and Technology, 1995.

[11] Kiss G, Reichgelt H. Towards A semantics of desires//Werner E, Demazeaueds Y. Deeentralised AI. Vol3. Dutch: North Holland Publisher, 1992: 115-128.

[12] 史忠植. 智能主体及应用. 北京:科学出版社,2000.

[13] Shoham Y, Cousins S B. Logic of mental attitude in AI//Lakemeyer G, Nebel B. Foundationa of Knowledge Representation and Reasoning. Berlin: Springer-Verlag, 1994.

[14] McCarthy J. Ascribing mental qualities to machine. Technical Report. Standford: AI Lab, 1978.

[15] 胡舜根,张莉,钟义信. 多 Agent 系统的理论技术及应用. 计算机科学,1999,26(9):20-24.

[16] 许国志,顾基发,车宏安. 系统科学. 上海:上海科技教育出版社,2000.

[17] 成思危. 复杂科学、系统工程与管理//许国志,顾基发,车宏安. 系统科学与工程研究(第 1 版). 上海:上海科技教育出版社,2000:12-23.

[18] Nilsson N J. Artificial Intelligence, A New Synthesis. 郑扣根,庄越挺译. 北京:机械工业出版社,2000.

[19] 陈霖,朱滢,陈永明. 心理学与认知科学//21 世纪初科学发展趋势. 北京:科学出版社,1996.

[20] 何友,王国宏,等. 传感器信息融合及应用. 北京:电子工业出社,2000.

[21] 韩崇昭,朱洪艳,段战胜. 多源信息融合. 北京:清华大学出版社,2010.

[22] White F E. Data Fusion Lexicon. Joint Directors of Laboratories, Technical Panel for C3, Data Fusion Sub-Panel. San Diego: Naval Ocean Systems Center, 1991.

[23] Sidek O, Quadri S A. A review of data fusion models and systems. International Journal of Image and Data Fusion, 2012, 3(1): 3-21.

[24] Boyd J. A discourse on winning and losing. Unpublished Set of Briefing Slides, Air Univer-

sity Library, Maxwell AFB, AL, 1987.

[25] Esteban J, Starr A, Willetts R, et al. A review of data fusion models and architectures towards engineering guidelines. Neural Computing and Applications, 2004, 14(4): 273-281.

[26] Bedworth M, Brien J O. The omnibus model: a new model of data fusion. IEEE Aerospace and Electronic System Magazine, 2000, 15(4): 30-36.

[27] Hall D, McMullen S. Mathematical Techniques in Multi-sensor Data Fusion. 2nd Ed. Norwood: Artech House Publishers, 2004.

[28] Waltz J, Edward L L. Multisensor Data Fusion. Boston: Artech House Publishers, 1990.

[29] Hall D L, Liggins M, Llinas J. Handbook of Multisensor Data Fusion. Boca Raton: CRC Press, 2001.

[30] Bosse E, Roy J, Wark S. Concepts, Models, and Tools for Information Fusion. Boston: Artech House Publishers, 2007.

[31] Blasch E, Bosse E, Lambert D A. High-level Information Fusion Management and Systems Design. Norwood: Artech House Publishers, 2012.

[32] Khaleghi B, Khamis A, Karray F O, et al. Multisensor data fusion: a review of the state-of-the-art. Information Fusion, 2013, 14(1): 28-44.

[33] 杨风暴，王肖霞. D-S 证据理论的冲突证据合成方法. 北京：国防工业出版社，2010.

[34] 潘泉，王增福，梁彦，等. 信息融合理论的基本方法与进展. 控制理论与应用，2012，29(10)：1233-1244.

[35] Destercke S, Dubois D. Idempotent conjunctive combination of belief functions: extending the minimum rule of possibility theory. Information Sciences, 2011, 181(18): 3925-3945.

[36] Cattaneo M E. Belief functions combination without the assumption of independence of the information sources. International Journal of Approximate Reasoning, 2011, 52(3): 299-315.

[37] Wooldrige M, Jenning N R. Agent theories, architectures, and languages: a survey in agents//Lecture Notes in Artificial Intelligence. Amsterdam: Spring-Verlag, 1994: 1-32.

[38] Rao A S, Georgeff M P. BDI agent: from theory to practice. Proceedings of the 1st International Conference on Multi-Agent Systems, New York, 1995: 247-252.

[39] Brooks R A. A robust layered control system for a mobile robot. IEEE Journal of Robotics and Automation, 1986, 3: 14-23.

[40] Muller J P. The design of intelligent agents: a layered approach. Lecture Notes in Artificial Intelligence, 1996, 1177: 52-55.

[41] Georgeff M P, Lansky A L. Reactive reasoning and planning. Proceeding of Fifth National Conference of Artificial Intelligence, Boston, 1987: 667-682.

[42] Ferguson T A. Integrated control and coordinated behavior: a case for agent models. Lecture Notes in Intelligent Agents, 1995, 890: 203-218.

[43] Moffat D, Frijda H. Where there's will there's an agent. Lecture Notes in Intelligent Agents, 1995, 890: 245-260.

[44] Muller J P, Pischel M, Thiel M. Modeling reactive behavior in vertically layered agent architectures. Lecture Notes in intelligent Agent, 1995, 890: 261-276.
[45] 赵龙文, 侯义斌. Agent 的概念模型及应用技术. 计算机工程与科学, 2000, 6(2): 115-152.
[46] 姚莉, 张维明. 智能协作信息技术. 北京: 电子工业出版社, 2002.
[47] 范波, 潘泉, 张洪才, 等. 在信息融合系统中引入多 Agent 技术. 计算机工程与应用, 2003, 22: 100-102.

第 3 章　多 Agent 协调的学习与对策

3.1 引　　言

由于 MAS 涉及多个 Agent 的参与，使得基于 Agent 的系统包含了更为丰富的元素，扩展了传统人工智能的研究内容，导致了 DAI 新分支的出现。DAI 的研究重点不再围绕个体智能的展现，而转向群体智能如何形成，在交互中体现出一定的智能。由于 MAS 是多个学科的交叉融合，使得 MAS 的研究变得更为复杂和具有挑战性。

基于 MAS 的计算，利用多个自治的 Agent，通过它们之间自主的交互，达到问题求解的目的。交互是 MAS 求解问题的关键，而交互的最终形式是达到 Agent 的合作与协调。自然界中的蚂蚁、蜜蜂都是典型的群居式物种，它们的一些生理反应反映了群体作业的必要特性：合作是达成目标的重要手段，协调是保障有效合作的前提。

MAS 通常工作于开放和动态环境中，对其进行优化控制时，难以预见所有状况，并预先给出相应最优控制对策，这导致基于模型的传统优化控制方法应用时存在一定局限性。强化学习(reinforcement learning，RL)方法(又称为增强学习方法或再励学习方法)是一种不依赖于系统模型的学习方法，强调和环境的交互操作，利用“试错法”和延时回报机制，实现随机序贯决策问题的优化求解。由于问题适用性好，且使用简便，强化学习方法在 MAS 的学习与优化控制中得到越来越多的应用与研究。在满足 MAS 协调需求的协作任务中，Agent 的动作相互影响，具有同步和耦合特性。将此类问题建模为共同回报 Markov 对策(又称为随机对策)问题，并采用多 Agent 增强学习方法加以求解时，存在协调学习困难、求解效率不高和泛化能力有限的问题。因此，研究合适的协调学习机制确保学习收敛到最优 Nash 均衡解，研究合适的学习加速方法改善所提方法的求解效率，以及引入合适的泛化学习机制提高算法的泛化求解能力，成为解决多 Agent 协调的另一个研究重点。

因此，在多 Agent 协调对策与学习方法中，必须合理考虑各个 Agent 之间的协调操作，减少动作决策的冲突，提高任务的求解效率。当采用多 Agent 强化学习方法进行问题求解时，还必须考虑此类问题的高度分布特性和大规模特性，对应研究具有良好扩展性能的学习求解算法。

3.2 多 Agent 协调的理论与方法

协调(coordination)的英文解释为“harmonious adjustment or interaction”,即“和谐的相互调节或相互作用”。国内外很多学者更倾向于将其限定为个体在环境中合乎理性地选择自身行为。

3.2.1 协调的基本概念

协调是人类社会最常见的活动,在商贸交易、社会关系乃至政治活动中有着举足轻重的作用,也是 MAS 研究的重要内容。协调是以利益为中心的。对于协调的需求,是由于实体、信息、资源的分布特性以及它们之间的相互依赖而产生的[1]。协调就是在这样的特性和相互依赖关系条件下,Agent 个体通过选择合理的行为以适应环境的活动。适应环境往往可以看做两个方面:第一,在环境中“生存”下来;第二,争取利益最大化。为了达到这两方面的目标,Agent 个体必须了解环境和其他 Agent,甚至与其他 Agent 进行交互、合作来达成互利关系。

在社会关系中,人首先需要生存,然后才是发展。从原始社会到现代社会的进化表明,人与人之间的关系越来越趋向于更紧密、更和谐。任何人都不可能无视他人的存在。与其他人交换信息,寻求更多的朋友,可以使个人的生活、工作更顺利,这种协调是人类进化的结果。在政治活动中,同样存在着协调活动。人们往往说“政治就是政客们在交换利益”,然而,正是这样的利益交换给人们带来了民主与社会和谐。社会中人按照不同的地域、职业、信仰等分成不同的利益群体。这些利益关系反映在政治活动中,就是人们以及代表不同群体的政客或政治家之间的交互,包括选举、协商、行政命令实施等。

对于协调概念的描述,不同领域有不同的表述。Wegner 认为协调是管理复合系统组件间的相互作用;Gelernter 和 Nicholas 认为协调就是将独立活动绑定为一体;Malone 和 Crowston 认为协调是管理实体之间的相互依赖;Jennings 指出协调的关键是为了达到目标,它是 Agent 通过推理自己和参与的其他 Agent 的行为,来保证团队行动上的一致性[2];张维明等认为协调是指主体对自己的局部行为进行推理,并估计其他主体的行为,以保证协作行为以连贯的方式进行的一个过程[3];罗明提出多 Agent 协调是指一组智能体对其目标、资源等进行合理安排,以调整各自行为,最大限度地实现各自目标的过程[4]。总之,在 MAS 中,每一个 Agent 对于整体系统仅仅具有局部的和不精确的看法,如果没有协调,整个 Agent 系统就会处于混乱状态,Agent 行为之间便会相互干扰,难以完成共同的目标。

综上所述,可以认为协调的目的是最大限度地完成 Agent 的目标,协调的过程是，根据对环境的感知以及与其他 Agent 通信、协商，对所有已知的可能达到目标的可行的行为序列、中间状态以及与其相关的对象进行评价、排序，选择一条从初始状态到目标状态的最优行为序列。协调的结果应该具有层次性，即低层次的协调应该最大限度地消除主体之间的冲突，保证系统整体行为的一致性；高层次的协调还应在保证系统整体行为一致性的基础上满足主体各自目标或利益的最大化。

3.2.2　MAS 协调及其理论

人们总是不断地追求进步，现代社会日新月异的信息技术正越来越深刻地融入人类社会的政治、经济、文化和生活中。随着人类对机器能力的不断改进，赋予机器"智能"成为人类美丽的梦想和不懈奋斗的目标。Agent 作为 AI 研究的重要课题，越来越多地占据了科学、工程和技术界的视野。进一步地，机器能力的提高，也使得计算向普适计算——以往因为机器能力、计算资源限制而未能应用的领域发展。与此同时，随着网络技术的发展，网络计算的概念逐步成形，并行计算、分布式计算都成了网络计算领域的研究热点。在此背景下，人工智能开始由单个智能主体研究逐渐转向基于网络环境下的 DAI 研究，DPS 和 MAS 就是 DAI 研究的两个重要分支。

很多复杂的问题往往都有多个参与者，所涉及的活动和目标一般也不止一个，而且它们相互影响、关系交错。在多数实际活动中，决策信息往往不完全是共享的，而且决策参与者得到的主观信息可能是不准确、不及时的。在这样的环境中，通过 MAS 建模来达到协调是理想之选。MAS 中每个 Agent 具有一定的独立解决问题的能力，而且不断地探测环境信息、更新自身的信息库，在允许的条件下进行通信、协作。即使在信息完全孤立的情况下，Agent 也会寻找解决问题的局部满意方法。同时，如果 Agent 之间在合理的规则下达成合作，则会带来全局更优的结果。而对于不准确、不及时的信息，Agent 可以通过更新信息库、更改计划来及时避免更坏的结果。

从整体来讲，MAS 协调的研究内容主要包括以下几个方面：

(1) Agent 及 MAS 构造方法。参与协调活动的理性个体以及由多个理性个体构成的系统的建造方法，包括 Agent 个体理性模型、Agent 通信、MAS 组织构造(静态的组织设计或动态的团队形成)。

(2) 协调策略。理性个体在协调过程中选择行为的规则的集合，如选择何种方式进行沟通。

(3) 交互协议。当 Agent 进行交互时应该遵守的规则的集合，包括交互的参与者类型、交互的形式、交互的状态、导致交互状态变化的事件、在特定状态下参与者所能采取的行动。

(4) 协调模型。对协调的参与者、过程、活动等进行分析的模型。模型的复杂度由参与者、协调策略、交互协议的特性所决定。

1. 多 Agent 协调的基本内容

通常认为,协调的基本内容主要包括以下四种[5]:

(1) 目标协调。它是对受控角色的价值事实前提控制。Simon 认为个人决策的过程就是决策者由一组价值前提和事实前提推出结论的过程[6]。组织中各成员在承担具体角色以前都具备一定的价值和事实前提,当它们承担了具体的角色后,它们本身所具有的前提就同其所承担的角色的前提(由组织或角色的设计者所规定)融合为一体而成为该成员解决问题的前提和基础。组织对组织中各成员的控制和影响就是通过对角色的前提设计来施加的。

(2) 资源配置。它是对问题管理者所能控制的资源,按照子问题求解者的对资源的需求进行配置。在资源冲突的情况下进行调度。

(3) 过程协调。它是对时间上互相制约的子问题求解过程进行调度,对子问题求解角色问题求解过程和方法的监控。

(4) 结果协调。当子问题求解结果之间发生冲突时,问题管理者根据组织的目标对子问题求解者的局部目标进行协调;当子问题求解结果与组织的总目标发生冲突时,问题管理者根据组织的目标对子问题求解者进行更深化的约束,以减少冲突。

除了上述几种协调类型之外,还应该包含能力协调。从组织角度来讲,在组织中的个体成员由于自身知识、行为的差异,导致各自解决问题能力的差异。前面已经提及协调是管理实体之间的相互依赖,由于个人能力的差异,必然导致解决问题的过程中不同实体之间能力的依赖。能力协调主要是指对问题求解者的能力进行配置,通过借助于别人的能力来实现目标的完成。

2. 多 Agent 协调的基本方法

按史忠植[7]和 Nwana 等[8]的分类,多 Agent 之间所采用的协调方法主要有以下几个方面:

(1) 组织结构化(organization structuring)。组织结构决定了各 Agent 的责任、能力、交互和控制流,特别适用于主/从关系的系统架构。

(2) 合同(contracting)。如经典的合同网协议,应用于任务和资源的分配。

(3) 多 Agent 规划(multi-Agent planning)。主要的思想是在目标的驱动下,为未来的行动制定一个详细的多 Agent 计划。

(4) 协商(negotiation)。协商是一组 Agent 为达成某种相互都接受的协议的过程(以上各种方法中都或多或少地包含该方法),是一种极为重要的协调方法。

目前的研究有基于博弈论的协商、基于规划的协商、基于对策论的协商等。

总体上讲，MAS中的协调方法可分为显式协调和隐式协调两大类。显式协调是指Agent被设计成能对可能的交互进行推理，必要时依靠明确、直接的协调机制（如协商、仲裁等）达成一致；隐式协调是指Agent通过遵循某些局部规则，从而达到相互之间协调行动的目的。隐式协调是一种分布式的协调机制，显式协调则可采用从完全集中到完全分布的各种形式。MAS中显式协调方法和隐式协调方法的进一步分类如图3.1所示。

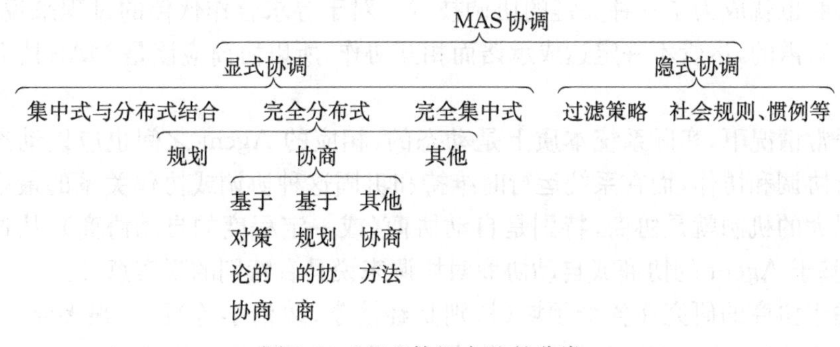

图3.1　MAS协调方法的分类

研究表明，群体协作中一定程度的中心协调有助于提高整体性能和效率。在有集中协调的系统中，一般都设有监控Agent或领导Agent，以负责掌握高层的总体目标并克服平行结构群体中"过分自私"的倾向，减少各部分间的冲突。

分布式的显式协调方法主要是协商和规划识别。协商协调（包括投票机制）的运用比较普遍，对策论及规划是其主要的决策基础，但对其他因素仍缺乏较为深入的理论分析；规划识别主要基于Agent的观察及推理（Agent感知），或用Agent交互的方式，获得其他Agent规划的模型，通过与自身规划的比较，找出潜在的冲突或合作关系，从而达到协调或协作的目的。对策论方法也常用于规划识别过程。

隐式协调方法多集中于社会规则、标准和惯例的研究，其出发点是尽可能减少协商交互的工作量。过滤策略与社会规则的原理相同，都是依据一定规则将Agent可选动作中相容的部分视为合理动作而保存下来，对不相容的动作则不予采用，从而避免Agent间的冲突。在不符合仁慈假设的环境下，需要通过签订合约、许诺酬金来实现任务的转移；重复子规划的分派和接收也必须得到某种社会规则的支持。隐式协调对于这些高级合作模式来说是不可缺少的基础。

协调模型在实际的实现过程中，最大的问题在于现有的程序语言（如C++和Java）和分布式网络结构（CORBA和DCOM）都没有针对协调、合作等活动提供支持，不能很好地处理协调问题。一些研究者基于黑板模型提出将计算与协调分离的协调模型和机器语言，谋求通过协调语言来研究协调问题的途径，在此研究的基础之上，出现了 Linda、COOL 等协调语言。

3. 多 Agent 协商协调

目前基于 Agent 协商的研究已成为一个热点，除了多 Agent 系统本身的需求外，其最直接的推动力来自以 Agent 为媒介的电子商务(Agent-mediated electronic commerce)领域的需求。大多数协调方法都或多或少地包含某种协商，因此协商也就成为了一种关键的协调技术。对于寻求合作伙伴的过程来说，协商通常是必需的，尽管不一定达成承诺而相互协作，所以协商应该是 MAS 协调的重要部分。

通常情况下，实际系统本质上是动态的，相应的 Agent 之间也应以动态的方式进行协调和协作，而在系统运行时维持和巩固这种协调或协作关系的最根本也是最强大的机制就是协商，特别是自动协商(或一定程度的自动协商)，从这一点来看，基于 Agent 的协商或自动协商对协调来说具有特别的现实意义。

关于协商的研究在各个领域(特别是经济学、政治学等)已有很多年，Bell 等为了便于比较，将关于协商的研究分为三个方向[9]：规范化的研究(normative)方向、说明性研究(prescriptive)方向以及描述性研究(descriptive)方向。规范化模型大多基于博弈论，主要用于研究和仿真；早期的决策和协商支持系统(DSS 和 NSS)基于说明性模型，它的作用是给用户提供有效的解决方案并为其提供好的选择；有关行为科学的研究大都可以归结为规范化研究方向。说明性研究和描述性研究的区别在于：前者提出协商者的模型，后者描述协商者应该理解的行动。

尽管协商在其他领域已被研究了许多年，但是在 Agent 和多 Agent 系统领域还是一个相对较新的课题，围绕基于 Agent 的协商(或自动协商)这一主题所展开的研究可以粗略地分类为基于博弈论的战略协商(如 Rubinstein 的轮流出价模型)、面向拍卖的协商(如基于维克多拍卖的相关研究)、合同网(Kraus 给出在各种 Agent 环境合同网的应用[10])、面向市场的规划(即为基于市场价格机制和 Agent 的分布式计算方法，重点探讨其均衡)、联盟(这方面的研究众多[11])以及基于逻辑的讨论(主要集中在基于论据 Argument 的逻辑框架的建立上[12])等。

3.3 Agent 的学习模型与方法

在复杂动态环境下，由于存在时间约束和资源约束，因此，多 Agent 需要在有限时间，有限资源情况下解决资源分配、任务调度、行为协调、冲突消解等协调合作问题[13-15]。对策和学习是 Agent 协调与合作的内在机制，一方面，Agent 通过相互间的交互(对策),选择基于对手策略(或联合策略)的最优反应行动;另一方面,Agent 行动选择,应该建立在对环境和其他 Agent 的行动的了解基础上,这就需要 Agent 利用学习的方法建立并不断修正对其对其他 Agent 的信念。

3.3.1 强化学习

强化学习是近年来迅速发展起来的一种机器学习算法[16],是机器学习研究的一个比较活跃的领域,引起了包括计算机科学、控制科学以及心理学领域的在内的众多学者的关注,在智能控制、机器人及分析预测等领域有许多应用。

强化学习就是围绕如何与交互学习的问题,在行动-评价的环境中获得知识,改进行动方案以适应环境达到预想的目的。学习者并不会被告知采取哪个动作,而只能通过尝试每一个动作自己作出判断。试错搜索和延迟回报是强化学习的两个最显著的特征。它主要是依靠环境对所采取行为的反馈信息产生评价,并根据评价去指导以后的行动,使优良行动得到加强,通过试探得到较优的行动策略来适应环境。

强化学习又称为增强式学习或再励学习,它的思想来自于条件反射理论和动物学习理论。它是受到动物学习过程启发而得到的一种仿生算法,是一种重要的机器学习方法。Agent 通过对感知到的环境状态采取各种试探动作,获得环境状态的适应度评价值(通常是一个奖励或惩罚信号),从而修改自身的动作策略以获得较大的奖励或较小的惩罚,强化学习就是这样一种赋予 Agent 学习自适应能力的方法。

1. 强化学习模型

强化学习的基本原理是:如果 Agent 的某个行为策略导致环境对 Agent 正的奖赏(reward),则 Agent 以后采取这个行为策略的趋势会加强。若某个行为策略导致环境负的报酬,则 Agent 产生该行为策略的趋势将减弱,直至执行该行为策略的趋势消亡。

定义 3.1(强化学习)　Watkins 指出 Agent 为适应环境而采取主动对环境作出试探的学习,则称为强化学习。

(1) 环境对试探动作反馈的信息是评价性的(好或坏)。

(2) Agent 在行动-评价的环境中获得知识,改进行动方案以适应环境,达到预期的目的。

强化学习把学习看做试探过程,强化学习系统主要由两大部分组成,即 Agent 和环境。标准的强化学习系统基本模型如图 3.2 所示。在强化学习中,Agent 选择一个动作 a 作用于环境,环境接收该动作后发生变化,同时产生一个强化信号 r 反馈给 Agent,Agent 再根据强化信号和环境当前状态再选择下一个动作,选择的原则是使受到正的奖赏的概率增大。选择的动作不仅影响立即强化值，而且影响环境的下一时刻的状态及最终强化值。

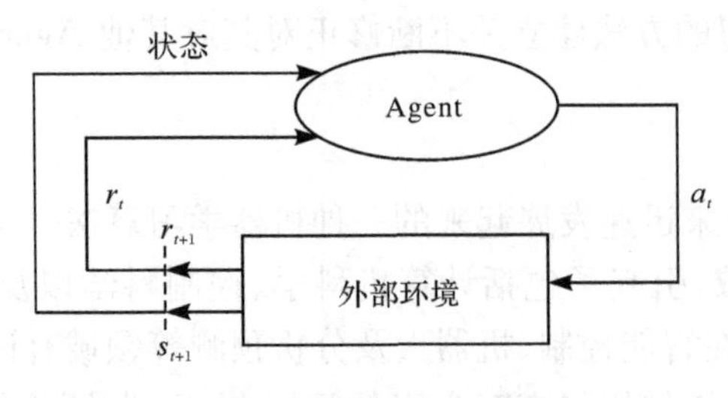

图 3.2 强化学习模型

强化学习属于无导师学习(unsupervised learning)方式。学习 Agent 通过与外界进行交互，并通过动作引起环境状态的改变，从外界环境中接收到强化信号，也称为奖惩或报酬。学习的目的就是寻找优化策略，即找到一个从状态到动作的映射，以求得到强化信号某种量化指标最大化。

2. 强化学习系统的基本要素

一个强化学习系统除了 Agent 与环境还有四个主要的组成要素：策略、奖赏函数、值函数以及环境的模型(不是必需的)。

1) 策略(policy)

策略也称决策函数，规定了在每个可能的状态，Agent 应该采取的动作集合。策略是强化学习的核心部分，策略的好坏最终决定了 Agent 的行动和整体性能，策略具有随机性。

定义 3.2(策略) 描述针对状态集合中的每一个状态，Agent 应完成动作集中的一个动作 a，策略 $\pi: S \to A$ 表示在每个时间步，Agent 以一定的概率选择完成从一个状态集合 S 到动作集合 A 的映射。

一般来说，策略是强化学习 Agent 的核心，因为它充分决定 Agent 的行为关于任意状态所能选择的策略组成的集合 F，称为允许策略集合，$\pi \in F$。在允许策略集合中找出使问题具有最优效果的策略 π^*，称为最优策略。

2) 奖赏函数(reward function)

奖赏函数是环境交互的过程中，获取的奖励信号，奖赏函数反映了 Agent 所面临的任务的性质，同时，它也可以作为 Agent 修改策略的基础。奖赏信号也称为立即奖赏，是 Agent 执行某个动作后环境给系统的反馈信号，对所产生动作的好坏作一种评价，奖赏信号通常是一个实数，例如，用一个正数表示奖，而用负数表示罚，一般来说正数越大表示奖得越多，负数越小表示罚得越多。

强化学习的目的就是使 Agent 最终得到的总的奖赏值达到最大。奖赏函数往往是确定地、客观地对所选择的控制策略作一种评价。

3) 值函数(value function)

奖赏函数是对一个状态(动作)的即时评价,值函数则是某个状态和目标状态之间距离的度量,从长远的角度来考虑一个状态(或状态-动作对)的好坏。值函数又称为评价函数。

定义3.3(值函数)　是指Agent在状态s_t执行动作a_t及后续策略π所得到的积累奖赏的数学期望,记为$V(s_t)$。

将$V(s_t)$定义为所有将来奖赏值通过折扣因子(discount factor)$\gamma(\gamma\in[0,1])$作用后的总和,即

$$V(s_t)=E\left(\sum_{i=0}^{\infty}\gamma^i r_{t+i}\right) \tag{3.1}$$

其中,$r_t=R(s_t,a_t)$为t时刻的奖赏。

定义3.4　对于任一策略π,定义值函数为无限时域累积折扣奖赏的期望值,即

$$V_\pi(s_t)=E_\pi\left(\sum_{t=0}^{\infty}\gamma^t r_t \mid s_0=s\right) \tag{3.2}$$

其中,r_t和s_t分别为在t时刻的立即奖赏和状态,折扣因子使得邻近的奖赏比未来的奖赏更重要;E代表数学期望;s_0表示初始状态,某个状态的评价函数值越大,表示它距离目标状态越近。强化学习最终使状态评价的估计值逐渐逼近最优策略控制下的状态评价值,同时使控制策略逼近最优策略。

4) 环境的模型

环境模型是对外界环境状态的模拟,Agent在给定状态下执行某个动作,模型将会预测出下一状态和奖励信号。利用环境的模型,Agent在作决策的同时将考虑未来可能的状态,进行规划。

早期的强化学习主要是一种试错学习,与规划大相径庭。将模型与规划引入强化学习系统是强化学习的一个较新的发展,使得强化学习方法与动态规划方法紧密地联系起来。强化学习将试错学习和规划都看做获得经验的一个过程。

3.3.2　Markov决策过程

在强化学习中Agent是根据环境的状态进行决策的。状态是指Agent可用到的任何信息,从理想角度看,我们希望一个状态能够概括以往的信息,并且能保持所有的有用信息。一般说来,需要瞬时的感知信号,不需要过多的以往信号。能够保持所有相关信息的状态,被称为具有Markov特性的状态。强化学习模型是基于Markov决策过程(Markov decision process,MDP)的。它主要包含三个集合。

(1) 环境状态集合 S:包括外部环境的所有可能的状态,一般可分为终止状态和非终止状态。

(2) 动作集合 A:即学习 Agent 可以采取的所有动作。

(3) 强化信号集 R:通常假定,这里的每个元素都是有限和非负的实数,常用的强化信号集为{0,1}。

在实际问题中,状态的转移往往是随机的。通常情况,可用 $P^a_{ss'}$ 表示在状态为 s 时,采取动作 a,进入状态 s' 的转移概率,我们假定这个概率只与状态 s 和动作 a 有关,而与状态 s 的前一个状态无关,这就是所谓的 Markov 性。在具有 Markov 性质的环境中,寻找策略的过程称为 Markov 决策过程。因此有

$$P^a_{ss'} = \Pr\{s_{t+1} = s' \mid s_t = s, a_t = a\} \tag{3.3}$$

通常,人们把能够解决 Markov 决策过程这类问题的算法称为强化学习算法。

强化学习的目标就是寻找从状态集合 S 到动作集合 A 的优化映射(使 Agent 得到的某种奖励最大或耗费最小),但实际上几乎所有的强化学习都没有直接去搜索这种映射,而是通过计算状态值函数进而获得优化策略。这些值函数用来评价环境所处状态的(或状态动作对)的优劣,这里的优劣一般由长期回报的期望来确定。事实上,这种长期回报依赖于 Agent 所采用的动作,相应地,值函数的定义是与策略有关的。

一个策略 π 为一个从状态动作(s,a)到一个概率的映射,定义为 $\pi: s \to a$,其中 s 为状态集合,a 为动作集合。

在策略 π 下,状态 s 的值函数 $V^\pi(s)$为从此状态出发,并且以后遵循此策略,而取得的回报的期望,即

$$\begin{aligned} V^\pi(s) &= E_\pi\{r_{t+1} + \gamma r_{t+2} + \gamma^2 r_{t+3} + \cdots \mid s_t = s\} \\ &= E_\pi\{r_{t+1} + \gamma V^\pi(s_{t+1}) \mid s_t = s\} \\ &= \sum_a \pi(s,a) \sum_{s'} P^a_{ss'}[R^a_{ss'} + \gamma V^\pi(s')] \end{aligned} \tag{3.4}$$

其中,E_π表示 Agent 遵循策略 π 而取得的回报期望;$\gamma \in [0,1]$为折扣因子。

如果状态 s 为终止状态,那么它的值函数设置为 0。函数 V^π 称为对于策略 π 的状态值函数。同样,可以定义在策略 π 下,处于状态 s 时,采用动作 a 的值函数 $Q^\pi(s,a)$,也称为在策略 π 下的状态动作对值函数。

$$\begin{aligned} Q^\pi(s,a) &= E_\pi(R_t \mid s_t = s, a_t = a) \\ &= E_\pi\left\{\sum_{k=0}^{\infty} \gamma^k r_{t+k+1} \mid s_t = s, a_t = a\right\} \end{aligned} \tag{3.5}$$

3.3.3 *Q* 学习算法

强化学习中一个重要的里程碑就是 Q 学习算法。它是由 Watkins 于 1989 年

提出的[17,18]，Q学习算法是一种无需环境模型的强化学习算法，是瞬时差分算法的一种，又称为离策略TD算法(off-policy TD)。最优行动值的估计的更新依赖于各种“假设”的动作，而不是根据学习策略所选择的实际行动。由于Q学习是对状态动作对的值函数进行估计以求得最优策略，和TD算法只对状态进行值估计有很大不同。该方法向Markov环境中的学习系统提供一种利用经验执行最优动作的能力，同时也是Markov决策过程的一种变化形式。

设环境是一个有限状态的离散Markov过程，将学习过程中每个状态所有可能采取的动作的值表示为一个效用函数$Q(s,a)$，并建立一个查询表(通常采用lookup表格方法，其大小等于状态S和可能的动作集合A的笛卡儿乘积$S\times A$中元素的个数)，学习机通过查询某个状态下具有最优值的动作作为其最优策略π^*，这样每个“状态-动作”被不断选择和重复，确保了学习过程的收敛。Q学习无须估计环境模型，通过直接优化一个可迭代计算的Q函数。Watkins定义此Q函数为在状态s_t下执行动作a_t，且此后按最优行为序列执行时的折扣累计回报值，即

$$Q(s_t,a_t)=r_t+\gamma\max_{a_t}(Q(s_{t+1},a_t)\mid a_t\in A) \tag{3.6}$$

Agent在Q学习系统中的学习步骤如下：

(1) 观察t时刻的状态s_t；

(2) 选择并执行一个行为a_t；

(3) 观察下一时刻状态s_{t+1}；

(4) 收到一个立即强化信号r_t；

(5) 调整Q值

$$Q_t(s_t,a_t)=\begin{cases}(1-\alpha_t)Q_{t-1}(s_t,a_t)+\alpha_t[r_t+\gamma V(s_{t+1})], & s=s_t;a=a_t\\ Q_{t-1}(s_t,a_t)\end{cases} \tag{3.7}$$

其中，r_t是t时刻环境返回给学习系统的评价值；α_t是学习率；γ为对$V(s_{t+1})$的折扣系数，其中$V(s_{t+1})$定义如下：

$$V(s_{t+1})=\max_{a\in A}\{Q_{t-1}(s_{t+1},a)\} \tag{3.8}$$

在策略π的作用下，状态s_t的值为

$$V(\pi,s_t)=r_t(s_t,a_\pi)+\gamma\sum_{s_{t+1}\in S}P(s_t,a_t,s_{t+1})V(\pi,s_{t+1}) \tag{3.9}$$

其中，a_π是由策略π确定的动作。由动态规划理论可知，至少存在一个策略π^*，使得对任意$s\in S$，下面的Bellman方程成立：

$$V(\pi^*,s_t)=\max_{a\in A}\left\{r_t(s_t,a_\pi)+\gamma\sum_{s_{t+1}\in S}P(s_t,a_t,s_{t+1})V(\pi^*,s_{t+1})\right\} \tag{3.10}$$

在这种情况下，需要学习的动作值函数Q值直接对最优动作值函数Q^*进行

近似,与所遵循的策略无关。这极大地简化了算法的分析。为了使算法能够收敛,需要每个状态动作对都能被反复地访问、修正。$Q(s_t, a_t)$是状态-动作对的值函数,也称为动作值函数,表示在状态 s_t 下,实施动作 a_t,以后再按策略 π 映射动作所得到的回报。

Watkins 证明了在一定的条件下 Q 学习的收敛性,收敛的条件是:

(1) 环境是 Markov 过程;

(2) 用查找表(lookup table)来表示 Q 函数;

(3) 每个状态-动作对(state-action pair,SAP)可无限次地重复试验;

(4) 正确选择学习速率。

3.4 多 Agent 的协调模型

多 Agent 系统中需要协调的是 Agent 之间的相互关系。协调模型就是要提供一个对 Agent 之间的相互作用进行表达的形式化框架。一般来说,协调模型要处理 Agent 的创建与删除、Agent 的通信活动、在 MAS 空间中的分布与移动、Agent 行为随时间的同步与分布等。

3.4.1 黑板模型

黑板模型结构[19]是一种并行分布协作计算模型,用来解决分布在不同物理环境下多个实体协作完成任务的问题,能够实现异构知识源的集成。黑板模型将求解问题的知识表示成独立的、松散的知识源,利用这些知识源来协同求解问题,在黑板模型中知识源相对独立,这样可以利用多专家知识求解问题;知识源的粒度可大可小,对问题的分割就比较容易;黑板的层次划分又使得抽象技术得以实现。这些特点使黑板结构得以广泛应用,是一种比较先进的问题求解模型。

从图 3.3 中可以看出黑板模型由三个部分组成:黑板、知识源和控制单元。黑板是一个全局数据库,用来存放原始数据、问题求解过程中的部分解及完整解。黑板上的信息被划分成若干层次,不同的层次代表对问题及其解的不同详细程度的描述,较低的层次代表对问题及其解的较详细的描述,较高的层次代表对问题及其解的较概括的描述,因此较高信息层次上的一个信息项可以看做较低层次上若干个信息项的抽象。黑板上的信息只能由知识源来增加、删除和修改,黑板是知识源通信与相互作用的媒介。

知识源表示求解问题所需要的知识,每个知识源完成一种相对完整、独立的工作,它通常引用一些黑板层次上的信息去修改另一些黑板层次上的信息。一个知识源由两部分组成:前提和动作。前提是知识源的使用条件,通常是一组关于黑板上信息变化的判断。动作描述了知识源对黑板的操作,一般是一个过程。当

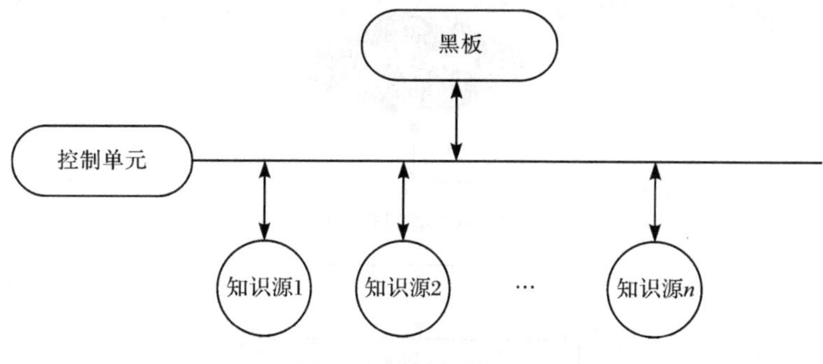

图 3.3　黑板模型结构图

黑板上信息变化符合知识源的前提时，该知识源就会被触发，执行相应的动作，对黑板进行操作，增加、删除或修改解元素。各知识源是相互独立的，互相之间不能直接调用，只能通过黑板进行通信。

控制机制负责监视黑板上信息变化状态并不断检查各知识源的前提，一旦某个知识源的前提成立，该知识源就被激活并执行它的动作部分，引起黑板上信息的变化，控制机制据此又可以激活其他知识源。如此黑板信息不断变化，直到出现完整解。当多个知识源的前提符合黑板信息变化状态时，控制机制总是选择最有利于解决问题的知识源优先执行。

在分布式人工智能中，往往采用的是黑板模型通信方式。黑板实际上是一个共享存储区。各个 Agent 通过直接对黑板内容进行读和写来获得消息、结果或过程信息。黑板模型的特点是集中控制、共享数据结构、解决单一任务、效率高。其缺点是集中控制由调度程序完成，调度程序的复杂性和性能往往成为整个系统的瓶颈，解决单一任务使得黑板系统无法有效地完成相互关联的任务。

3.4.2　合同网

1980 年，Smith[20]在分布式问题求解中提出了一种合同网协议(contract net protocol，CNP)。后来这种协议广泛应用在 MAS 协调中。Agent 之间通信经常建立在约定的消息格式上。实际的合同网系统基于合同网协议提供一种合同协议，规定任务指派和有关 Agent 的角色。图 3.4 给出了合同网系统中节点的结构。

本地数据库包括与节点有关的知识库、协作协商当前状态和问题求解过程的信息。另外三个部件利用本地知识库执行它们的任务。通信处理器与其他节点进行通信，节点仅仅通过该部件直接与网络连接，特别是通信处理器应该理解消息的发送和接收。

合同网模型由多个可以相互传递信息的节点组成，这些节点可以分为三类：管理者，即任务的拥有者，负责该任务的分配；投标者，即能够完成任务的节点；中

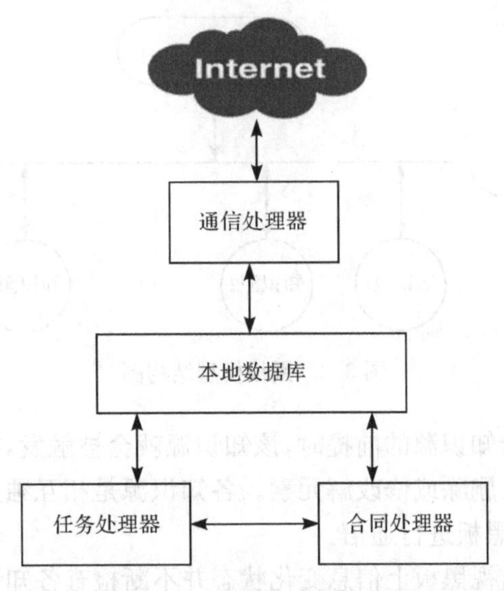

图 3.4　合同网节点结构图

标者，即成功的投标者，被授予相应的任务。合同网的基本思想是：当管理者有任务需要其他节点帮助解决时，它就向其他节点广播有关该任务信息，即发出任务通告(招标)，接到招标的节点则检查自己对解决该问题的相关能力，然后发出自己的投标值并使自己成为投标者，最后由管理者评估这些投标值并选出最合适的中标者授予任务，如按照市场中的招标—投标—中标机制来完成各节点间的协商过程。合同网系统中的合同协商过程如图 3.5 所示。

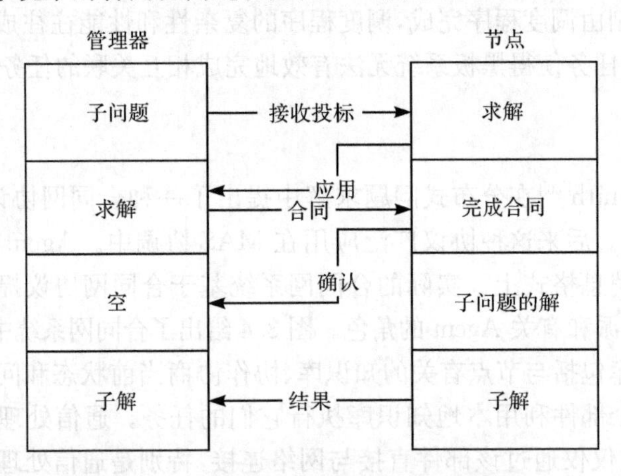

图 3.5　合同网系统中合同协商过程

3.4.3 通用部分全局规划

通用部分全局规划(generalizing the partial global planning,GPGP)是Decker等在部分全局规划(PGP)的基础上提出的一种与领域无关的、可计算的协调机制[21]。在此基础上,Decker还创建了一个通用的GPGP实现框架——TAEMS,该框架允许我们对复杂可计算任务环境进行建模。

GPGP是以任务环境为分析中心的协调方法。以任务环境为分析中心的协调方法是相对于以Agent为分析中心提出的。以Agent为分析中心的协调方法从分析、构造Agent的内部结构和推理过程出发设计协调模型。以任务环境为分析中心的协调方法从分析任务结构,梳理任务之间的依赖关系出发,设计协调模型。此类协调模型认为协调是管理活动之间相互依赖关系的过程,它对任务之间的依赖关系进行了详细的分类和定义,并根据不同的任务关系设计不同的协调方法。该类模型特性注重任务之间的可定量计算的关系,对更新Agent心智状态有用的信息和任务环境的总体结构,而对Agent的认知模型不作特别要求。

TAEMS的基本要素有任务和子任务、方法、强制性关系和非强制性关系、质量增长函数、承诺和虚拟任务。应用这些基本要素可以清晰地描述任务的结构和子任务间的关系。GPGP是以任务环境为分析中心的协调理论的一个重要实现,它很好地实现了该理论的可计算性、领域无关性和可扩展性。然而,GPGP也有不足之处,它把Agent之间的关系建立在"善意"的假设基础上,即在处理协调关系时,假定各Agent仅考虑全局利益,而不考虑个人利益,因此它仅适用于合作团队Agent的活动规划。显然,这样的活动规划仅是现实世界中很少的一部分。

3.5 多Agent协调的对策与学习方法

现代对策理论由von Neumann和Morgenstern创立,其后,大批研究人员为对策理论作出了卓越的贡献。例如,Cournot针对经济问题提出了变形的Nash均衡解概念;Borel等则针对零和对策问题展开了研究,证明了最优策略和Minmax解的存在性;Nash则将Nash解概念引入一般和对策(general-sumgame)问题,并成为当前对策理论中研究最为深入广泛的求解概念;Shapley提出的Markov对策模型是MDP模型的自然扩展,和最优控制原理和动态对策理论有着非常密切的关系,并成为合理描述多Agent相互关系及开展相关研究的有力工具[22]。

3.5.1 Markov 对策概述

1. Markov 对策模型

Markov 对策理论主要用于多 Agent 的学习建模和决策。Markov 对策模型中的所有 Agent 均根据联合状态同时决策，系统在联合动作的作用下发生状态转移，每个 Agent 获得各自对应的回报值，而联合状态的转移满足 Markov 特性。

Markov 对策可以看做 MDP 和经典对策理论的结合与扩展。通过在每个状态处与经典对策论中的矩阵对策(matrix game)结合，Markov 对策模型将对应单 Agent 任务的 MDP 模型进行了扩展，使其能处理应对多 Agent 任务；同理，将单状态的矩阵对策问题扩展到多状态的动态任务，亦可得 Markov 对策模型。

在 MAS 中，Agent 间相互作用并随时间不断变化，系统中每个 Agent 都面临一个动态决策问题。在单 Agent 系统中，Agent 的动态决策其实是一个 Markov 决策过程，而在 MAS 中，Agent 的 Markov 决策过程的扩展形式就是随机对策[23,24]，也就是 Markov 对策[25]。因此，Markov 对策可以看做 Markov 决策过程在多 Agent 协作环境中的扩展。

在 Markov 对策的一般形式中，对于一个 n 个局中人的 Markov 对策，可以由一个多元组来定义：

$$\langle S, A_1, \cdots, A_n, T, R_1, \cdots, R_n, \beta \rangle$$

其中，S 表示有限环境状态集；n 表示有限 Agent 的个数；A_i 表示 Agent_i 的有限动作集($1 \leqslant i \leqslant n$)；$T: S \times A_1 \times A_2 \times \cdots \times A_n \to S$ 表示状态转移函数，它是在当前状态下各个 Agent 采取动作时的状态转移概率函数；$R_i: S \times A_i \to R_i$，表示 Agent_i 采用相应动作后得到的立即奖惩函数；$0 \leqslant \beta < 1$ 表示折扣因子。

每个 Agent 通过学习来使它的期望折扣奖惩总和最大化，即 $E = \sum_{j=0}^{\infty} \beta^j r_{t+j}^i$，其中 r_{t+j}^i 是 Agent_i 在第 j 步得到的未来期望奖惩。

Markov 对策理论主要用于 MAS 的学习建模和决策。Markov 模型中的所有 Agent 均根据联合状态同时决策，系统在联合动作的作用下发生状态转移，每个 Agent 获得各自对应的回报值，而联合状态的转移满足 Markov 特性。

Markov 对策可以看做 MDP 和经典对策理论的结合与扩展。通过在每个状态处与经典对策论中的矩阵对策(matrix game)结合，Markov 对策模型将对应单 Agent 任务的 MDP 模型进行了扩展，使其能处理应对多 Agent 任务；同理，将单状态的矩阵对策问题扩展到多状态的动态任务，亦可得 Markov 对策模型。图 3.6 清晰地表明了这种关系。

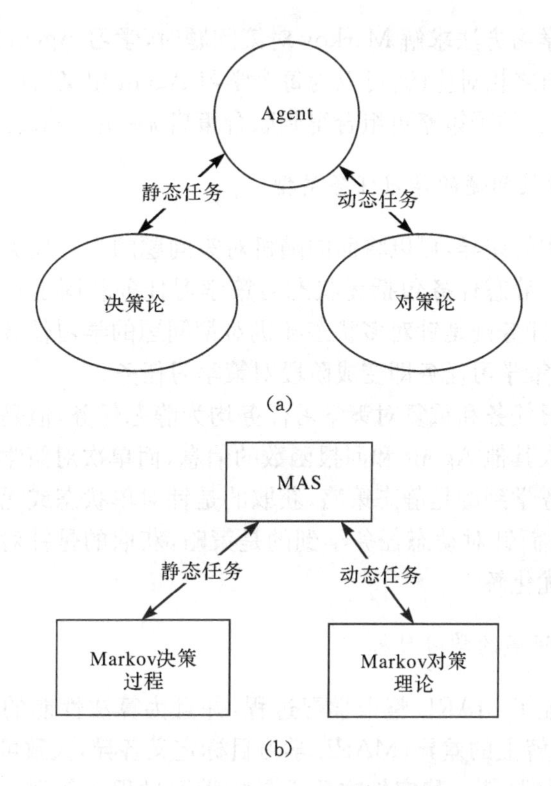

图 3.6　任务类型与对应理论关系

定义 3.5(矩阵对策[26])　矩阵对策可以通过多元组$\langle N,A_1,\cdots,A_N,R_1,\cdots,R_N\rangle$进行定义，其中 N 是参与者数量，A_i和 $R_i(i=1,\cdots,N)$分别是第 i 个参与者的有限行为集和回报函数。

定义 3.6(双矩阵对策[26])　双矩阵对策可通过回报矩阵对(M_1,M_2)进行定义。其中，矩阵 $M_i(a_j^1,a_k^2)$表示在采用联合行为对(a_j^1,a_k^2)时，第 i 个参与者获得的回报值，a_j^1表示第一个参与者选择的第 j 个动作，而 a_k^2表示第二个参与者选择第 k 个动作，且$(a_j^1,a_k^2)\in A_1\times A_2$。

定义 3.7(Markov 对策[27])　Markov 对策模型可由一个多元组描述为$\langle S,A_1,\cdots,A_n,T,R_1,\cdots,R_n,\gamma\rangle$，其中，$S$ 为有限联合状态集；A_i为 Agent_i 对应的有限行为集；$T:S\times A_1\times\cdots\times A_n\rightarrow\Pi(S)$是给定每个 Agent 的状态和行为时的状态转移函数，其中 $\Pi(S)$是在状态空间 S 中的概率分布；$R_i:S\times A_1\times\cdots\times A_n\rightarrow R$ 是每个 Agent 的回报函数；γ 为折扣因子，且 $0\leqslant\gamma<1$。

Markov 对策模型与面向单 Agent 系统的 MDP 主要差别在于：转移概率定义在联合状态和联合动作之上，而各个 Agent 的回报值亦由联合状态和联合动作共同决定。因此，在求解 Markov 对策问题时，必须考虑 Agent 之间的相互影响。采用多 Agent 增强学习方法求解 Markov 对策问题时，学习 Agent 同样需要最大化其折扣总回报。与之相对应的，可以为每个学习 Agent 定义对应的动作值函数 Q_i 和子策略 π_i，而所有的子策略可组合得到联合策略 $\pi=\pi_1,\cdots,\pi_n$。

2. Markov 对策问题的学习任务类型

根据任务类型的差异，可以将面向随机对策问题的学习任务分为静态任务和动态任务两大类。静态任务包括无状态对策学习任务和固定状态下的阶段对策学习任务，而动态任务则是针对多状态随机对策问题的学习任务。当固定在特定状态下时，随机对策学习任务即变成阶段对策学习任务。

单次对策学习任务和重复对策学习任务均为静态任务，但是重复对策学习通过重复学习来获取其他 Agent 和回报函数的信息，而单次对策学习则仅仅学习一次。针对静态任务学到的是静态策略，获取的是针对单状态或无状态对策问题的组合动作优化解；而针对动态任务学到的是策略，获取的是针对多状态随机对策问题的序贯动作优化解。

3. 随机对策问题的学习目标

学习目标支配了 MARL 整个学习过程，并且为算法性能的评测和比较提供了依据，但由于理解上的差异，MARL 学习目标定义各异，大致可分为稳定性目标和适应性目标两大类[28]。稳定性本质上是指学习过程收敛到一个平稳策略的能力，而适应性则指当前学习器适应其他学习器的策略改变，并保持或提高自身学习性能的能力。

收敛到协调均衡解或平稳策略是一个基本的稳定性需求。对手无关性以及均衡解学习都表示学习并稳定收敛到均衡解，而预测则表示学习其他 Agent 的近似策略模型，以提高学习的稳定性。理性表示给定其他 Agent 模型的条件下，最大化期望回报；或在其他 Agent 保持平稳时，收敛到最佳响应策略。而不遗憾性则要求 Agent 的回报值不差于任选一个平稳策略时获得的回报值，以防止被其他 Agent 欺骗和利用。而对手理解则是根据学到的其他 Agent 模型，作出最佳响应学习。指定最优性、兼容性、安全性表示在其他 Agent 分别采用固定策略、自身相同学习算法以及任意学习算法三种不同条件下，当前 Agent 的学习性能均应满足相应级别的适应性要求。总之，对于良好的多机器人增强学习过程的要求如下[28]：

(1) 稳定性目标是必需的，其有助于保证算法性能，并进行算法性能分析；

(2) 适应性目标也是必需的，其可防止被其他学习器恶意欺骗和利用；

(3) 完美的稳定性和适应性不可兼得，一般满足预设的学习目标边界条件即可，但应该兼顾渐近稳定性和暂态稳定性要求。

3.5.2 冲突博弈

在一个多Agent环境下，Agent大致可分为两类：合作Agent与非合作Agent。合作Agent彼此共享同一个目标，具有相同的支付函数，或者对支付的偏序结构一致。它们之间的冲突主要是对均衡的选择不一致（如上述的协调博弈）。它们需要在两个纯策略均衡之间选择其一。这类冲突的本质是由于Agent无法知道其他Agent的信念和喜好，不知道其他Agent可能会采取什么行动，因而难以选择自己的最优动作。如果所有Agent都具有完美信息，则这类冲突可以一定程度避免。而对于非合作Agent，它们具有不同的口标，各自都希望自己的利益最大化，希望最快地实现自己的目标。在多Agent系统中，常常会发生多Agent为了达成自己的目标而竞争同一种有限资源的情况，这时Agent之间就会发生严重冲突。对于这类冲突，即使Agent能够交互，事先了解到对方的意图和喜好，但仍无法避免这类冲突的发生。例如，两辆汽车沿同一车道相向行驶；相遇时，如果双方继续各自的方向，将会发生碰撞，给双方造成严重损失；而一方避让，则会延后其到达目的地的时间，使得收益减小。

冲突博弈有两个纯策略Nash均衡(advance，avoid)和(avoid，advance)，但是它们存在非对称的缺陷，两个Agent对均衡的排序是相反的。Agent_A偏好于均衡(advance，avoid)，而Agent_B偏好于(avoid，advance)，任何一个纯策略均衡都不是最佳预测。在没有通信的情况下，两个Agent该如何独立地进行决策，确定的行为策略显然不能在非合作Agent之间达成共识。此时Agent最佳的行为选择方式是依概率选择。该方式下的Nash均衡即为混合策略Nash均衡。混合策略下行为的不可预见性有时对Agent也是大有好处的。在机器人足球比赛(RoboCup)中，带球的Agent必须决定直接向前冲还是传球。一般而言，传球可以向前推进得更快，但是选择出乎对手意料之外的行动才是最重要的。因此Agent最佳的策略看似可能是随机的，却是理性考虑的结果。

在冲突博弈的混合策略均衡中，Agent_A与Agent_B在坚持与避让之间必须是无差异的，否则其中一方有偏离该策略的倾向对于均衡混合策略，按照支付均等化方法在计算各自策略时需要知道对方的报酬函数，而由于通信开销过大等原因，知道所有Agent的报酬函数是不现实的。而面临这种无法调和的冲突时，一个理性的Agent往往希望此刻的行为在将来看来是最不后悔的选择，后悔值越小越好。

传统的基于Nash均衡的学习算法由于苛刻的条件，使得实际应用范围有限。因此，需要引入动态策略的概念，具体包括时变性和适应性，并针对混合多Agent环境提出动态策略的强化学习算法。不同于传统学习算法，其策略是静态的，与时间无关，动态策略的强化学习算法将Agent行为历史作为行为决策的一个依据，从而使得策略与时间关联起来。Agent 前后行为的非独立性要求静态策略向时变策略演进，提高决策质量；另外，Agent 群体中，Agent 的决策绝不可能独立于其他 Agent 的行为，动态策略的强化学习算法需要通过数理统计的方法预测其他 Agent 行为策略，简单却能够适应其他 Agent 的策略及其变化，且提高算法的学习速率和精度。

3.5.3 多 Agent 强化学习

如果 Agent 集合采用某种策略集合 $\pi_1,\cdots,\pi_n$，那么对于 $\text{Agent}_i(1\leqslant i\leqslant n)$ 可以定义一个类似于 Markov 决策过程的 Q 学习集合：

$$Q_i^{\pi}(s,a_1,\cdots,a_n)=R_i(s,a_1,\cdots,a_n)+\beta\sum_{s'\in S}T(s,a_1,\cdots,a_n,s')\cdot\sum_{a_1'\in A_1,\cdots,a_n'\in A_n}\pi_1(s',a_1')\cdots\pi_n(s',a_n')Q_i^{\pi}(s',a_1',\cdots,a_n') \tag{3.11}$$

其中，$a_i\in A_i$，$a_i'\in A_i$，$1\leqslant i\leqslant n$ 表示 Agent_i 的所选动作；Q 函数集合是通过每个 Agent 的联合行为定义的。每个 Agent 按照自己的强化函数得到奖赏信息，而状态转移函数是依赖于 Agent 集合的联合动作选择来确定的。

依据同一策略集合，对于每个 Agent_i 可以定义最优反应 Q 函数：

$$\begin{aligned}Q_{\Delta i}^{\pi}(s,a_1,\cdots,a_n)=&R_i(s,a_1,\cdots,a_n)+\beta\sum_{s'\in S}T(s,a_1,\cdots,a_n,s')\\&\cdot\max_{a_i'\in A_i}\sum_{a_1',\cdots,a_{i-1}'}\sum_{a_{i+1}',\cdots,a_n'}\pi_1(s',a_1')\cdots\pi_{i-1}(s',a_{i-1}')\\&\cdot\pi_{i+1}(s',a_{i+1}')\cdots\pi_n(s',a_n')Q_{\Delta i}^{\pi}(s',a_1',\cdots,a_n')\end{aligned} \tag{3.12}$$

式(3.12)说明，$Q_{\Delta i}^{\pi}(s,a_1,\cdots,a_n)$是在 Agent_i 的策略 π_i 可变，而其他 Agent 采用策略不变情况下得到的 Q 函数，它表示了 Agent_i 选择行为来最大化它的奖赏。在这种情况下，所有其他的 Agent 采用的动作序列不变，那么 Agent_i 就处于一个单 Agent 环境中——一个 Markov 决策过程。

在 Markov 对策中，一个 Agent 策略的执行必须依赖于环境中其他 Agent 的行为。但是，如何确定一个最优策略呢？由对策论可知，当一个 Agent 的行为处于 Nash 平衡点时就是它的最优行为。在策略集：$\pi_1,\cdots,\pi_n$ 中，如果每个策略是其他策略的最优反映，则这个策略集是处于 Nash 平衡的。因此，对于所有 Agent_i $(1\leqslant i\leqslant n)$，在任意状态 s 所得到的值函数：

$$\sum_{a_1,\cdots,a_n}\pi_1(s,a_1)\cdots\pi_n(s,a_n)Q_i^{\pi}(s,a_1,\cdots,a_n)$$

等于它的最优反映值：

$$\max_{a_i'\in A_i}\sum_{a_1',\cdots,a_{i-1}'}\sum_{a_{i+1}',\cdots,a_n'}\pi_1(s',a_1')\cdots\pi_{i-1}(s',a_{i-1}')$$

$$\cdot \pi_{i+1}(s',a'_{i+1})\cdots\pi_n(s',a'_n)Q^{\pi}_{\Delta i}(s',a'_1,\cdots,a'_n)$$

在一个 Nash 平衡点上，每个 Agent 都使它的奖赏最大化，而假定其他 Agent 保持固定。Filar 和 Vrieze[29] 显示了在固定策略中，每个 Markov 对策都有一个 Nash 平衡。然而，与 Markov 决策过程相比，通常情况下，这些策略是随机的。例如，在"剪刀、锤子、布"比赛中，任何不变的策略都会被打败，因此最优随机策略总是变化的。

3.6 小　结

本章首先描述了多 Agent 协调的基本理论与方法；在单 Agent 的学习模型与方法中，概述了强化学习、Markov 决策过程与 Q 学习；对多 Agent 协调模型进行了简要的介绍；重点讨论了 MAS 协调的对策与学习方法，在对 Markov 对策概述的基础上，重点对冲突博弈、多 Agent 强化学习进行了分析与讨论。

参考文献

[1] Lesser V R. Reflections on the nature of multi-agent coordination and its implications for an agent architecture. Autonomous Agents and Multi-Agent Systems, 1998, 1(1): 89-111.

[2] 易伟华. 基于多 Agent 协调的资源调配研究. 武汉：华中科技大学博士学位论文，2006.

[3] 张维明，姚莉. 智能协作信息技术. 北京：电子工业出版社，2002.

[4] 罗明. 基于 MAS 理论的 ODSS 协调支持机制研究. 武汉：华中理工大学博士学位论文，1999.

[5] 陈智. ODSS 中基于协调知识水平的分布式协调支持器的理论与应用研究. 武汉：华中理工大学博士学位论文，1998.

[6] Simon H A. The Sciences of the Artificial. Cambridge: MIT Press, 1981.

[7] 史忠植. 智能主体及应用. 北京：科学出版社，2000.

[8] Nwana H S, Lee L, Jennings N R. Co-ordination in multi-agent systems. Lecture Notes in Computer Science, 1997, 1198: 42-58.

[9] Bell D E, Raiffa H, Tversky A. Decision Making: Descriptive, Normative, and Prescriptive Interactions. Cambridge: Cambridge University Press, 1991.

[10] Kraus S. An overview of incentive contracting. Artificial Intelligence Journal, 1996, 83(2): 297-346.

[11] Sandholm T, Larson K, Andersson M R, et al. Coalition structure generation with worst case guarantees. Artificial Intelligence Journal, 1999, 111(1/2): 209-238.

[12] Parsons S, Sierra C, Jennings N R. Agents that reason and negotiate by arguing. Journal of Logic and Computation, 1998, 8(3): 261-292.

[13] 刘金琨，王树青. 复杂实时动态环境下的多 Agent 系统. 控制与决策，1998，13(12)：385-

396.
[14] 梁泉. 多 Agent 协调控制的研究. 上海：上海交通大学博士学位论文，1996.
[15] 欧海涛. 复杂系统中的多 Agent 协调机制的研究. 上海：上海交通大学博士学位论文，2000.
[16] Sutton R S, Barto A G. Reinforcement Learning: An Introduction. Cambridge: MIT Press, 1998.
[17] Watkins C J C H. Learning from Delayed Rewards. Cambridge: Ph. D. Thesis of Cambridge University. 1989.
[18] Watkins C J C H, Dayan P. Q-leaning. Machine Learning, 1992, 8(3): 279-292.
[19] Nii H P. Blackboard systems: the blackboard model of problem solving and the evolution of blackboard architecture. The AI Magazine, 1986, 17, (2): 38-53.
[20] Smith R G. The contract net protocol: high-level communication and control in a distributed problem solver. IEEE Transactions on Computers, 1980, 29(12): 1104-1113.
[21] Decker K S, Lesser V R. Generalizing the partial global planning algorithm. International Journal of Intelligent and Cooperation Systems, 1992, 1(2): 319-346.
[22] 吴军. 协作多智能体系统增强学习理论、方法与应用研究. 长沙：国防科学技术大学博士学位论文，2012.
[23] Owen G. Game Theory. 2nd Ed. Orlando: Academic Press, 1982.
[24] Shapley L. Stochastic games. Proceedings of the National Academy of Sciences of the United States of America, 1953, 39(10): 1095-1100.
[25] Shalom Y B. Stochastic dynamic programming: caution and probing. IEEE Transaction on Automation Control, 1981, 26(5): 1184-1195.
[26] Nash J. Equilibrium points in n-person games. Proceedings of National Academy of Sciences, 1950, 36(1): 48-49.
[27] Littman M L. Value-function reinforcement learning in Markov games. Journal of Cognitive Systems Research, 2001, 2(1): 55-66.
[28] Busoniu L, Babuska R, de Schutter B. A comprehensive survey of multi-agent reinforcement learning. IEEE Transactions on Systems, Man, and Cybernetics-Part C: Applications and Reviews, 2008, 38(2): 156-172.
[29] Filar J, Vrieze K. Competitive Markov Decision Processes. New York: Springer-Verlag, 1996.

第 4 章　基于证据推理的多 Agent 分布式决策

4.1　引　　言

面向领域应用的各类多传感器系统大量涌现，使得信息在总量急剧增长的同时表现出多源性、多样性、复杂性等特点。对一个对象进行观测时，来自不同传感器的信息仅包含对其片面的认识，如果能够高效率、高精度的综合、分析、理解、分发和利用多传感器提供的多模态信息，势必会更好地揭示对象的本质。多传感器信息融合技术的出现就是为了解决在信息过剩时代背景下，海量信息的融合、重构与综合利用问题。

信息融合利用计算机来模仿生物体从环境感知到环境认知的过程，将多个传感器获得的信息按照一定的规则组合、归纳、演绎，最终得到对观测对象的一致性解释和描述[1]。近年来，多传感器信息融合在各领域均展现出了广阔的应用前景，融合的对象也从传感器数据逐步发展到与观测事物相关的全部信息。决策融合对应多传感器信息融合的高级阶段，具备更直观的结果表现形式，可直接应用于作战指挥、医疗诊断、抢险救灾、故障诊断等辅助决策过程，更能体现融合系统的能力[2]。然而，决策融合的过程更加复杂，所处理的信息更加多样，所面临的不确定性问题更加严重，对推理的可靠性提出了更高的要求。所以，决策融合中的不确定性信息处理正面临着严峻的挑战。

在已有不确定性信息处理方法中，模糊集理论存在主观性[3]，粗糙集缺乏不确定性推理方法[4]，贝叶斯理论的信息表达能力弱、推理方法鲁棒性差[5]，这些问题使得它们在解决决策融合问题时处理过程复杂，应用效果较差。证据理论也是一种不确定性信息处理理论，与贝叶斯理论类似，同样建立在概率论基础上，具有坚实的数学基础，具备良好的不确定性表达和推理能力[6]。可是，证据理论相关研究对证据合成的可靠性关注较少，难以满足 HLIF 对不确定性推理的高可靠性要求。所以，研究证据理论中的可靠证据合成方法，不仅可促进证据理论和决策融合的发展完善，而且对其在各领域的推广具有重要的理论意义和实用价值。

目前的决策融合中，证据推理是一种比较有效的方法。它不但有符合人类思维的推理决策过程，而且可以对推理进行合理的信息论解释。在本章中，我们利用证据推理设计一种 Agent 信息模型，基于 Smets 提出的可传递置信模型的思想，构建基于多 Agent 分布式决策框架，并给出相应的算法。

4.2　证据推理理论

证据理论是美国哈佛大学数学家 Dempster 于 1967 年研究统计问题时首先提出的[7]，通过上下概率的概念，取消了概率的可加性限制条件。1976 年，他的学生 Shafer 把此概念推广到更为一般的情形，并出版了《证据的数学理论》[6]，因此又称为 Dempster-Shafer 证据推理理论（简称 D-S 推理或证据推理）。

4.2.1　概率的几种解释及其性质

客观解释：概率描述了一个可以重复出现的事件的客观事实，即该事件可以重复出现的频率，如掷骰子、抛硬币等，因此，客观解释又称为频率主义解释。

主观解释：概率反映了一个人的某种偏好，是个人主观意愿作用的结果，如赌博，主观解释又称为个人主义解释和贝叶斯解释。

必要性解释：概率是命题与命题之间的联系程度的度量，这种联系是纯客观的，与个人的作用没有关系，必要性解释又称为逻辑主义解释。

频率主义解释和逻辑主义解释赋予概率一种客观属性，概率的得到与人类主观活动没有关系，是纯客观的，而贝叶斯解释则把概率解释成为人的偏好或者主观意愿的度量，是纯主观的，它没有强调概率如何构造。

构造性解释：Shafer 指出，以上三种概率解释都没有涉及概率推断的构造性特征，证据理论给概率一种全新的构造性解释，这种概率解释认为概率是某人在证据的基础上构造出的他对一命题为真的信任程度，简称信度。

前三种概率满足可加性，即

$$\forall A,B\in\Theta,\quad A\cap B=\varnothing$$

则

$$P(A\cup B)=P(A)+P(B)$$

根据可加性，如果我们相信一个命题为真的程度为 S，那么我们就必须以 $1-S$的程度去相信该命题的反。在许多情况下，这是不合理的。如“地球以外存在着生命”这样一个命题。

证据理论舍弃了上述可加性原则，而采用一种“半可加性”原则来代替。从而使 Dempster-Shafer 合成公式将多个证据合成后得到的不确定性度量依然满足证据基本可信数的性质，从而使得证据的信度合成具有系统完整性[8]。

4.2.2　证据理论的数学基础

1. 概率模型

定义 4.1（概率）　设 E 是随机试验，Q 是它的样本空间，对于任意事件 $A\in Q$

对应实数 $P(A)\in[0,1]$，称其为事件 A 的概率，如果集合函数 $P(\cdot)$ 满足如下条件：

(1) $P(\varnothing)=0$；

(2) $P(\Theta)=1$；

(3) 对于事件 $A_1,A_2\in Q$，如果 $A_1\cap A_2=\varnothing$，那么 $P(A_1\cup A_2)=P(A_1)+P(A_2)$。

上述概率定义中的条件(3)可扩展到 $n>2$ 的情况，即

$$P(\bigcup_{n=1}^{\infty}A_n)=\sum_{n=1}^{\infty}P(A_n) \tag{4.1}$$

定义 4.2(条件概率)　设事件 $A,B\in\Theta$，且 $P(A)>0$，事件 A 发生的条件下事件 B 发生的条件概率表示为

$$P(B\mid A)=\frac{P(AB)}{P(A)} \tag{4.2}$$

概率推理通过一些变量的概率信息来获得其他变量的概率信息，而贝叶斯推理则是条件概率的推理问题。

定理 4.1　设随机试验 E 的样本空间为 Θ，事件 $A\in\Theta$，$B_1,B_2,\cdots,B_n$ 为样本空间 Θ 的一个划分，且满足 $P(A)>0$，$P(B_i)>0(i=1,2,\cdots,n)$ 则，

$$P(B_i\mid A)=\frac{P(A\mid B_i)P(B_i)}{P(A)},\quad i=1,2,\cdots,n \tag{4.3}$$

其中

$$P(A)=\sum_{j=1}^{n}P(A\mid B_j)P(B_j) \tag{4.4}$$

式(4.3)是由贝叶斯建立的贝叶斯推理方法，式(4.4)中的 $P(B_j)$ 被称为先验概率，$P(A|B_j)$ 为条件概率，通过式(4.3)可实现对已有信息的精确更新。多次观测结果可通过广义贝叶斯推理公式合并，从而得到后验概率[6]：

$$P_{\text{post}}=P(B_i\mid A_1\cap\cdots\cap A_k)=\frac{P(B_i)P(A_1\mid B_i)\cdots P(A_k\mid B_i)}{\sum_{j=1}^{n}P(B_j)[P(B_j)P(A_1\mid B_j)\cdots P(A_k\mid B_j)]} \tag{4.5}$$

在得到后验概率的基础上，可根据最大后验概率准则或最大可能性准则进行决策。对于事件 A，如果它发生的概率是 $P(A)$，那么根据定义可知

$$P(\overline{A})=1-P(A) \tag{4.6}$$

因此，在概率模型中关于命题 A 的信息就决定了其补集 $\overline{A}$ 的信息，尽管有时对 $\overline{A}$ 中某些元素不太确定，但是却只能将该信息分配到 $\overline{A}$ 中的全部元素。所以，概率模型不能表达证据不充分或未知等关于 $\overline{A}$ 中某些元素不清楚的情况，上下概率模型的产生就是为了解决概率模型存在的上述问题。

2. 上下概率模型

上下概率模型是概率模型的推广。假设 Ω 和 Θ 是两个样本空间，P 是 Ω 上的概率测度，为了从 P 得到事件 $A\subset\Theta$ 发生的信度 $\mathrm{Bel}(A)$，Dempster 引入了多值映射的概念，根据概率分布 P 和映射 $\Gamma(\cdot)$来度量 Θ 的幂集 2^{Θ} 中事件 A 的信度：

$$\mathrm{Bel}(A)=\sum_{\omega\in\Omega,\Gamma(\omega)\subseteq A}P(\omega) \tag{4.7}$$

函数 $\Gamma(\cdot):\Omega\rightarrow2^{\Theta}$ 被称为 Ω 到 Θ 的多值映射，该过程如图 4.1 所示。

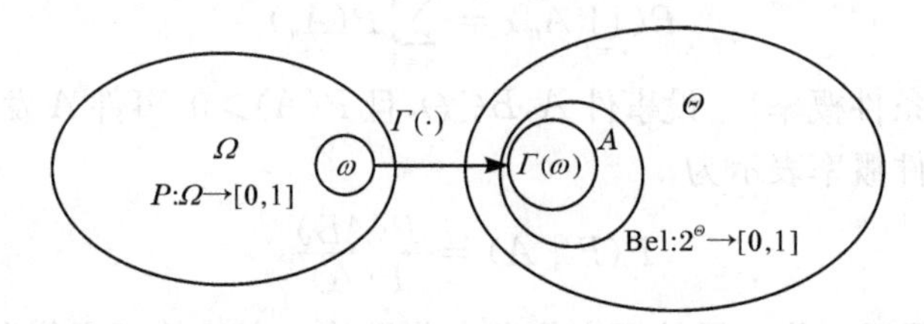

图 4.1 多值映射关系

上下概率模型将概率模型中以精确值表示的点概率拓展为区间概率。对于事件 $A\subseteq\Theta$，其上下概率分别为

$$\begin{aligned}P^{*}(A)&=\frac{P(A^{*})}{P(\Theta^{*})}\\P_{*}(A)&=\frac{P(A_{*})}{P(\Theta^{*})}\end{aligned} \tag{4.8}$$

其中，$A^{*}=\{\Gamma(\omega)\cap A\neq\varnothing,\omega\in\Omega\}$；$A_{*}=\{\Gamma(\omega)\subseteq A\neq\varnothing,\omega\in\Omega\}$。一般有 $P^{*}(A)\geqslant P_{*}(A)$，$P^{*}(A)=1-P(\overline{A})$。当 $P^{*}(A)=P_{*}(A)=P(A)$时，上下概率模型退化为概率模型。所以，上下概率模型是概率模型的推广，概率模型是上下概率模型的特例。

上概率 $P^{*}(A)$和下概率 $P_{*}(A)$满足如下性质：

$$\begin{aligned}P^{*}(\bigcup_i A_i)&\leqslant\sum_i P^{*}(A_i)\\P_{*}(\bigcup_i A_i)&\geqslant\sum_i P_{*}(A_i)\end{aligned} \tag{4.9}$$

上下概率模型比概率模型在不确定性信息表示方面更具优势，且能够得出更加可靠的推理结果。可是，上下概率推理方法比较保守，经常会得到 $P^{*}(A)=1$、$P_{*}(A)=0$ 的推理结果，无法应用于最终决策，严重限制了其在实际问题中的应用。信任函数方法是上下概率模型的进一步发展。

3. 信任函数方法

信任函数方法与上下概率模型类似，同样是将概率定义中的第(3)个条件放宽，所不同的是信任函数方法将由可加性得到的最终概率作为可信的下边界，这样便得到信任函数的定义[6]。

定义 4.3（信任函数）　设 Θ 是一个有限集合，2^Θ 表示所有子集构成的集合，称以上函数 Bel：$2^\Theta \to [0,1]$ 为信任函数，如果它满足下列条件：

(1) $\mathrm{Bel}(\varnothing)=0$；

(2) $\mathrm{Bel}(\Theta)=1$；

(3) 对于一个正整数 n，如果 $A_1, A_2, \cdots, A_n \in 2^\Theta$，那么

$$\mathrm{Bel}(A_1 \cup A_2 \cup \cdots \cup A_n) \geqslant \sum_i \mathrm{Bel}(A_i) - \sum_{i<j} \mathrm{Bel}(A_i \cap A_j) + \cdots + (-1)^{n+1} \mathrm{Bel}(A_1 \cap A_2 \cap \cdots \cap A_n) \tag{4.10}$$

信任函数可认为是一种广义概率函数，是证据理论的基本概念之一。证据理论是概率论的推广，比概率论在不确定性信息表达上更具优势。

4.2.3　证据推理的基本概念

辨识框架 Θ 通常是一个非空的有限集合，R 是辨识框架幂集 2^Θ 中的一个集类，即表示任何可能的命题集，(Θ, R) 称为命题空间。当 Θ 中含有 N 个元素时，R 中最多有 2^N 个子集（即 $R=2^\Theta$），此时所有的命题都包含于其中。因为 R 有集合性质，故可以在其上定义并、交、补以及包含等关系。辨识框架是证据推理的基础，证据推理的每个概念和函数都是基于辨识框架的，证据的组合规则也是建立在同一辨识框架基础之上的。

定义 4.4　设 Θ 为识别框架。Θ 上的基本置信指派（basic belief assignment, BBA）定义为 m：$2^\Theta \to [0,1]$ 满足下列条件：

(1) $m(\varnothing)=0$；

(2) $\sum\{m(A) \mid A \subseteq \Theta\} = 1$。

任意 $A \subseteq \Theta$，$m(A)$ 也称为命题 A 的基本概率指派。$m(A)$ 表示指派给 A 本身的置信测度，即支持命题 A 本身发生的程度，而不支持任何 A 的真子集。

定义 4.5　设 Θ 为识别框架。Θ 上由基本置信指派函数导出的置信函数（belief function）定义为 Bel：$2^\Theta \to [0,1]$ 且

$$\mathrm{Bel}(A) = \sum_{B \subseteq A} m(B) \tag{4.11}$$

其中，$\mathrm{Bel}(A)$ 表示给予命题 A 的全部置信程度，即 A 中全部子集对应的基本置信值之和。

定义 4.6　设 Θ 为识别框架。Θ 上由基本置信指派函数导出的似真函数（plausibility function）定义为 Pl：$2^\Theta \to [0,1]$ 且

$$\mathrm{Pl}(A) = \sum_{B \cap A \neq \varnothing} m(B) \tag{4.12}$$

其中，$\mathrm{Pl}(A)$表示不反对命题A发生的程度，即与A的交集非空的全部集合所对应的基本置信指派值之和。$[\mathrm{Bel}(A),\mathrm{Pl}(A)]$构成不确定区间，表示对$A$的不确定性度量。减小不确定区间是证据推理的目的之一。

定义 4.7　设Θ为识别框架。Θ上由基本置信指派函数导出的公共函数(commonality function)定义为$q:2^{\Theta}\to[0,1]$且

$$q(A) = \sum_{A \subseteq B \subseteq \Theta} m(B) \tag{4.13}$$

$q(A)$没有明确的意义，但可以简化公式的形式。

定义 4.8　设Θ为识别框架，A为Θ的子集。

(1) $(m(A),A)$称为证据体，证据由若干证据体构成；

(2) 若$m(A)>0$，则A称为证据的焦点元素，简称焦元(focal element)；

(3) 全体焦元的集合称为证据的核(core)；

(4) 若Θ为置信函数唯一的焦元，则称这种置信函数为空置信函数(vacuous belief function)；

(5) 若置信函数的所有焦元都是单假设集，则称这种置信函数为贝叶斯型置信函数(Bayesian belief function)。

m、Bel、Pl 和q四个函数可以通过 Möbius 变换公式相互导出。因此，只要知道其中任一函数，其余三个即可通过计算得到。

4.2.4 Dempster 组合规则

两个或多个的置信函数可以用 Dempster 组合规则来组合，通过计算基于不同来源置信度的正交和得到一个新的置信函数。

设m_1是识别框架Θ上对应于置信函数Bel_1的基本置信指派，定义Bel_1的焦元为$A_1,\cdots,A_k$。基本置信指派$m_1(A_1),\cdots,m_1(A_k)$可以用图 4.2(a)中长度为 1 的线段上的闭区间来表示。同样，m_2是识别框架Θ上对应于置信函数Bel_2的基本置信指派，定义Bel_2的焦元为$B_1,\cdots,B_l$。基本置信指派$m_2(B_1),\cdots,m_2(B_l)$可以用图 4.2(b)中长度为 1 的线段上的闭区间来表示。

图 4.2(c)展示了这两条表示m_1和m_2的线段如何完成正交合成。灰色矩形表示两个置信函数的正交和$A_i\cap B_j$，一般地，有多个相交矩形对应识别框架的某一子集，因此对$A=A_i\cap B_j$，总的置信指派值为

$$m(A) = \sum_{A_i \cap B_j = A} m_1(A_i) m_2(B_j) \tag{4.14}$$

然而，遇到的一个问题就是，若$A_i\cap B_j=\varnothing$，则

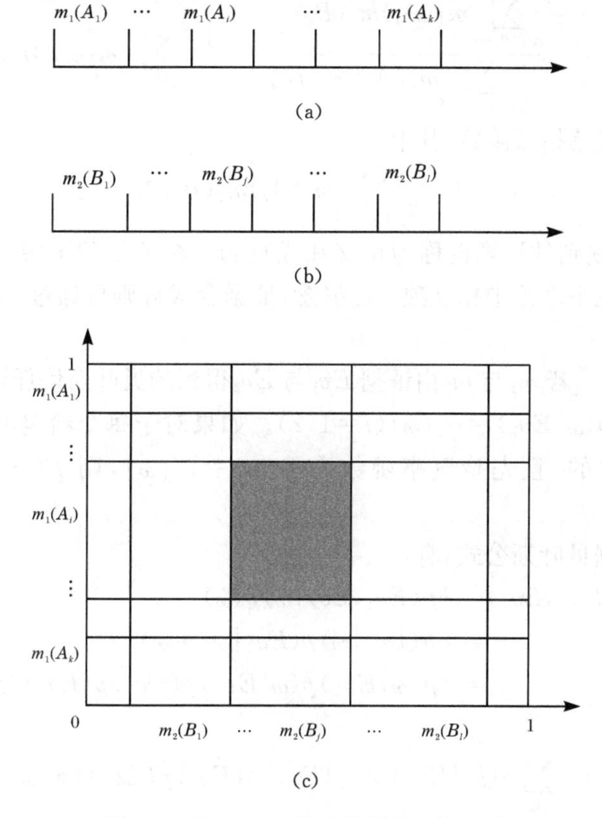

图 4.2　Dempster 组合规则的几何表示

$$m(\varnothing)=\sum_{A_i\cap B_j=\varnothing} m_1(A_i)m_2(B_j)>0 \tag{4.15}$$

而根据 m 函数的定义，总的置信指派值必须为 1，因此必须把 $A_i\cap B_j=\varnothing$ 的所有区域忽略不计或等价为下面的相关因子，使其归一化。

$$\left[1-\sum_{A_i\cap B_j=\varnothing} m_1(A_i)m_2(B_j)\right]^{-1}$$

称为归一化因子。

综上所述，Dempster 组合规则可概括为下面的定理。

定理 4.2　设 Bel_1、Bel_2 为 Θ 上的置信函数，它们的基本置信指派为 m_1 和 m_2，焦元分别为 $A_1,\cdots,A_k$ 和 $B_1,\cdots,B_l$，如果

$$\sum_{A_i\cap B_j=A} m_1(A_i)m_2(B_j)<1$$

那么，函数 $m:2^{\Theta}\rightarrow[0,1]$ 对于所有的非空集合 $A\subseteq\Theta$ 满足 $m(\varnothing)=0$ 且

$$m(A)=\frac{\sum\limits_{A_i\cap B_j=A}m_1(A_i)m_2(B_j)}{1-\sum\limits_{A_i\cap B_j=\varnothing}m_1(A_i)m_2(B_j)}=\frac{1}{c}\sum_{A_i\cap B_j=A}m_1(A_i)m_2(B_j)\quad(4.16)$$

此函数是基本置信指派函数，其中

$$c=1-\sum_{A_i\cap B_j=\varnothing}m_1(A_i)m_2(B_j)>0$$

Dempster 规则的计算也称为正交和或直和。在证据理论中，相异(distinct)的概念等同于概率理论中相互独立的概念，证据合成规则可通过如下概率解释得到验证。

定理 4.3[9]　若 m_1 与 m_2 由证据 Ev_1 与 Ev_2 得到的贝叶斯信任函数，对于所有的 $\omega\in\Omega$，定义 $p(\omega|Ev_1)=m_i(\omega)(i=1,2)$。如果对于每个给定的 $\omega\in\Omega$，Ev_1 与 Ev_2 是条件独立的，且先验概率函数为 $p(\omega)=l/|\omega|$，则 $p(\cdot|Ev_1,Ev_2)=m_1\oplus m_2$。

证明　根据贝叶斯公式，有

$$\begin{aligned}p(\omega|Ev_1,Ev_2)&=kp(Ev_1,Ev_2|\omega)p(\omega)\\&=kp(Ev_1|\omega)p(Ev_2|\omega)p(\omega)\\&=kp(\omega|Ev_1)p(\omega|Ev_2)p(Ev_1)p(Ev_2)/p(\omega)\end{aligned}$$

其中

$$k=\sum_{\omega_i\in\Omega}p(\omega_i|Ev_1)p(\omega_i|Ev_2)p(Ev_1)p(Ev_2)/p(\omega_i)$$

由于 $p(\omega)$ 是常量，于是

$$p(\omega|Ev_1,Ev_2)=\frac{p(\omega|Ev_1)p(\omega|Ev_2)}{\sum\limits_{\omega_i\in\Omega}p(\omega_i|Ev_1)p(\omega_i|Ev_2)}$$

该关系可以记为

$$m(\omega|Ev_1,Ev_2)=\frac{m(\omega|Ev_1)m(\omega|Ev_2)}{\sum\limits_{\omega_i\in\Omega}m(\omega_i|Ev_1)m(\omega_i|Ev_2)}$$

从而得到 Dempster 合成规则形式。

由该定理可以看出，Dempster 规则的隐含假设是证据源之间相互独立，或者说证据必须是相异的，否则利用 Dempster 规则合成可能会得到不合理的结果。根据众信度函数也可以得到等价的 Dempster 合成规则。

定义 4.9　设 m_1 和 m_2 为识别框架 Θ 上的两个相异的置信指派，Q_1 和 Q_2 是对应的众信度函数，则 Dempster 合成规则可表示为

$$Q(A)=K^{-1}Q_1(A)Q_2(A)\quad(4.17)$$

其中

$$K = \sum_{\varnothing \neq B \subseteq \Theta} (-1)^{|B|+1} Q_1(B) \cdot Q_2(B)$$

对于 n 个 BBA 的合成，具有类似的结果：

$$Q(A) = K^{-1} \cdot Q_1(A) \cdot Q_2(A) \cdot \cdots \cdot Q_n(A) \tag{4.18}$$

其中

$$K = \sum_{\varnothing \neq B \subseteq \Theta} (-1)^{|B|+1} Q_1(B) \cdot Q_2(B) \cdot \cdots \cdot Q_n(B)$$

Dempster 合成规则具有许多良好的性质：

(1) 交换性：$m_1 \oplus m_2 = m_2 \oplus m_1$。

(2) 结合性：$(m_1 \oplus m_2) \oplus m_3 = m_1 \oplus (m_2 \oplus m_3)$。

交换性与结合性使得证据的合成不依赖于合成的顺序，因而可以通过增量的方式实现，这极大简化了证据合成的计算量。

(3) 聚集性：随着证据的累积，不确定程度会逐渐减少，当证据偏向一致时，大部分信度会聚集于少数焦元，这一特性使得证据理论在信息融合领域得到广泛的应用。

不过，由于 Dempster 规则的合成复杂性在最差的情况下是指数级的，因此实际应用中多采用近似合成算法，或者简化证据结构，如二元证据结构、三元证据结构等，以避免组合爆炸问题[10]。

4.2.5 证据决策规则

对于决策规则的需求来源于信任区间的不确定，为了制定最优决策，需要计算每个行动的期望效用，这就要求将信任函数转换为类概率函数，合理的决策规则能减少计算量并有效规避决策风险。

1. Pignistic 规则

Smets 给出了决策时将信任函数转换为概率函数的方法[11]。若 m 是识别框架 Θ 下的 BBA，则一个 Pignistic 变换是将该 BBA 映射为 Pignistic 概率函数分布：

$$\mathrm{Bet}P(x) = \sum_{x \in A \subseteq \Theta} \frac{1}{|A|} \cdot \frac{m(A)}{1 - m(\varnothing)} \tag{4.19}$$

其中，$|A|$ 表示集合 A 中元素的个数，也称为集合 A 的势。

2. Plausibility 规则

Cobb 等提出了另一种将信任函数转化为概率函数的方法[12]，若 m 是识别框架 Θ 下的置信指派，Pl_m 表示 m 对应的似然函数，$\mathrm{Pl\_}P_m$ 表示转换后的概率函数，则对于任意 $x \in \Theta$：

$$\mathrm{Pl\_}P_m(x) = K^{-1} \cdot \mathrm{Pl}_m(\{x\}) \tag{4.20}$$

其中，$K = \sum\{\mathrm{Pl}_m(\{x\}) \mid x \in \Theta\}$ 是归一化常量。

3. 期望区间决策规则

Strat 建议采取上、下期望的加权平均进行决策[13]，决策结果依赖于参数 ρ，可视为乐观/悲观系数：

$$E(x) = E_*(x) + \rho[E^*(x) - E_*(x)] \tag{4.21}$$

其中，$E_*(x) = \sum_{A_i \subseteq \Theta} \inf(A_i) \cdot m(A_i)$ 表示下期望；$E^*(x) = \sum_{A_i \subseteq \Theta} \sup(A_i) \cdot m(A_i)$ 表示上期望。

4.2.6 Dempster 组合规则存在的问题

Dempster 组合规则作为应用最广泛的证据组合规则在不同理论解释下均可得到严格证明，并且满足交换律、结合律、单调性等诸多优良性质，在基于证据理论的目标识别系统中得到了广泛应用。但是，由于信息的多源性、复杂性，使得基于证据理论的信息融合中 Dempster 组合规则存在各种各样组合问题，概括起来主要有以下四类[14]：

(1) 一般冲突。当证据支持的假设严重矛盾时，会得到明显不合情理的结果。

(2) 鲁棒性。在证据推理中，鲁棒性是指当证据焦元的基本概率赋值发生小变化时，其组合结果不会发生质的变化。但在证据理论中，当焦元基本概率赋值发生微小变化时，Dempster 组合规则合成结果可能会发生急剧变化。

(3) 一票否决。当一条证据与多条证据完全不一致时，会出现一票否决的问题。

(4) 公平性。组合后某些焦元得到了不该得到的置信指派，而某些焦元却没有得到应该得到的置信指派，即对冲突的置信指派分配不合理。

为了解决这些问题，国内外学者对证据理论进行了深入研究，提出了一些解决方法，这些改进的方法可分成两类处理思路。一类是修正 Dempster 组合规则：认为 Dempster 组合规则合成冲突证据时，其归一化操作导致合成结果出现有违直觉的现象，新的组合规则主要解决如何将冲突重新分配和管理的问题。另一类是修改原始证据源模型：认为 Dempster 组合规则本身没有错，应该首先对高冲突证据进行预处理，然后再使用 Dempster 组合规则合成预处理后的证据。对于这两类处理思路优劣的争论一直都在进行。

4.3　Agent 信息模型

4.3.1　单支置信函数

定义 4.10　在 Θ 上给定 $m(\cdot)$ 如下：$m(E)=p$，$m(\Theta)=1-p$，对于 Θ 中的其他集合 A，相应的 $m(A)$ 均为 0。这样的赋值 $m(\cdot)$ 所相应的信任函数称为单支(simple support)信任函数，集合 E 是它的支点[4]。

4.3.2　基于证据推理的 Agent 信息模型

在分布式决策的 MAS 中，分布的 Agent 通过协调它们的知识、目标、技能和规划来制定决策，采取行动、解决问题。分布式系统中的 Agent 具有不同领域的专家知识以及不同的决策功能。它们可以观测环境的某些特征，或者观测环境的不同区域。

假定 Agent_i($1\leqslant i\leqslant I$)观测并提取的环境特征信息，可由一个特征向量表示：$S^i=(s_1^i,s_2^i,\cdots,s_{N_i}^i)$。其中 N_i 表示特征向量维数。令 $\Theta=\{\theta_1,\theta_2,\cdots,\theta_n\}$ 是一个辨识框架，θ_k($k=1,\cdots,n$)是属于模式类型 k 的前提。令 $\Phi(S^i,\theta_k)$ 表示特征向量 S^i 与 θ_k 之间的一个测度函数，并且 $\Phi(\cdot)$ 是一个递减函数，$0\leqslant\Phi(S^i,\theta_k)\leqslant 1$。$\Phi(S^i,\theta_k)$ 产生了一个单支置信函数[15]：

$$m_k^i(\theta_k)=\Phi(\bar{S}^i,\theta_k) \tag{4.22}$$

$$m_k^i(\Theta)=1-\Phi(\bar{S}^i,\theta_k) \tag{4.23}$$

$$m_k^i(A)=0,\quad \forall A\neq\theta_k\subset\Theta \tag{4.24}$$

按照 Dempster 组合规则，我们可以合成所有的 m_k^i，从而得到 Agent_i 的基本置信指派[16,17]：

$$m^i(\theta_k)=\frac{m_k^i\prod_{j\neq k}(1-m_j^i)}{\sum_k m_k^i\prod_{j\neq k}(1-m_j^i)+\prod_j(1-m_j^i)} \tag{4.25}$$

如图 4.3 所示，Agent 从环境信息中提取特征向量作为输入，然后从测度函数得到辨识框架中每个前提的单支置信函数，最后通过式(4.25)合成输出 Agent 的基本置信指派：$m^i(\theta_1),m^i(\theta_2),\cdots,m^i(\theta_n),m^i(\Theta)$。

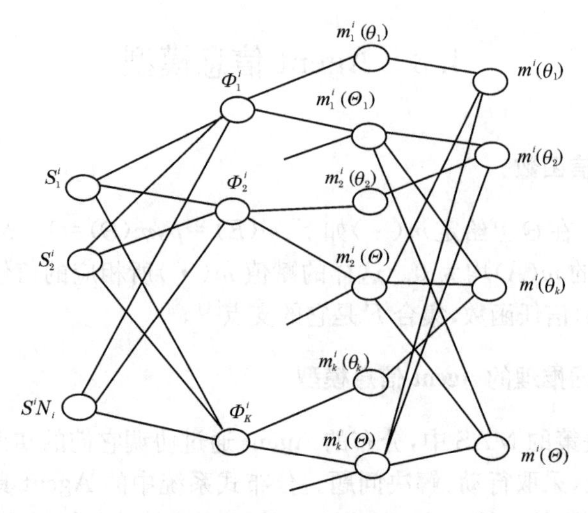

图 4.3 Agent 信息模型

4.4 可传递置信模型

4.4.1 可传递置信模型的基本结构

可传递置信模型(transferable belief model,TBM)是一个双层模型:一个是Credal 层,在这层获取置信度并对其进行量化、赋值和更新处理;另一个是Pignistic 层,它将 Credal 层上的置信度转换成 Pignistic 概率,并由此作出决策。Credal 层先于 Pignistic 层,在 Credal 层上随时可对置信度进行赋值和更新,而只有在必须作出决策时,Pignistic 层才出现。所以,TBM 包括了两个部分:一个是静态的,即基本置信指派;另一个是动态的,即置信度的传递过程[18]。

Smets 指出 TBM 区别于其他的证据理论模型在于它不依赖于任何概率理论,TBM 可以看做一种“纯粹”的证据理论模型,也就是说,它已经完全从任何概率内涵中“提纯”出来。Smets 的 TBM 模仿了人类的思维和行动的区别,或者说模仿了“推理”(表明置信度是如何受证据影响的)和“行为”(从多个可行的行为方案中选择一个似乎是最好的)的差别。从数据融合的角度来看,TBM 在理论和实际应用上都很有价值,它是一种层次化的递进模型,体现了数据融合系统的层次化描述特征,尤其适用于需要逐层进行数据、特征或决策融合的数据融合系统[19]。

4.4.2　辨识框架的粗分和细化

证据推理可以组合各类不同性质的证据，然而它的组合规则是建立在单一辨识框架上的，这显然只能处理一部分信息。在某些情况下，为了处理某种特殊的证据，我们有必要求助于不同的观念，相应地改变它所采用的辨识框架进行证据推理。粗分和细化是为适应这个要求采用的两种变换方法[20,21]。

通俗地说，一个辨识框架的细化是把集合的一个焦元分成多个焦元，这样就增加了辨识框架的粒度；粗分就是细化的逆操作，即简单合成一个新选项的辨识框架，这些选项与当前所给焦元无关。

定义 4.11　假设在两个辨识框架 Θ 和 Ω 上，Θ 和 Ω 是两个有限集合，定义映射 $\sigma: 2^{\Theta} \rightarrow 2^{\Omega}$ 满足如下。

(1) 对所有的 $\theta_k \in \Omega(k=1,2,\cdots,n)$，所有的 $R_k=\sigma(\{\theta_k\})$ 构成了 Ω 的一个分割：

$$R_k \neq \varnothing$$

$$R_i \cap R_j \neq \varnothing, \quad i \neq j$$

$$\bigcup_{i=1}^{n} R_i = \Omega$$

(2) $\forall A \subset \Theta$，$\sigma(\{A\}) = \bigcup\limits_{\theta \in A} \sigma(\{\theta\})$，则称映射 σ 为从 Θ 到 Ω 的一个细化(refinement)，Θ 是 Ω 的一个细化框架，又称为 Ω 的一个精细。

4.4.3　Pignistic 概率转换

一般的不充分推理原则如下：对于可信任空间 $(\Omega, R, \mathrm{Bel})$，$A \in R$，$A=A_1 \cup A_1 \cup \cdots \cup A_n$，由于信息缺少，不能进一步把 $m(A)$ 分配给 A 的子集，为了在 R 上作决策，建立一个 Pignistic 概率分布[18]，对所有原子 $X \in R$ 有

$$\mathrm{Bet}P(x) = \sum_{x \subseteq A \in R} \frac{m(A)}{|A|} = \sum_{A \in R} m(A) \frac{|x \cap A|}{|A|} \tag{4.26}$$

其中，$|A|$ 是 A 中 R 的原子数，并且对于 $B \in R$ 有

$$\mathrm{Bet}P(B) = \sum_{A \in R} m(A) \frac{|B \cap A|}{|A|} \tag{4.27}$$

给定置信空间 $(\Omega, R, \mathrm{Bel})$，设 m 为对应于 Bel 的基本置信指派，设 $\mathrm{Bet}P(\cdot; m)$ 为定义在 R 上的 Pignistic 概率，加入参数 m 是为了增加基本置信指派。

假设 4.1　$\forall R$ 的原子 x，$\mathrm{Bet}P(x;m)$ 仅依赖于 $m(x)$，$x \subseteq X \in R$。

假设 4.2　对每个 $m(X)$，$x \subseteq X \in R$，$\mathrm{Bet}P(x;m)$ 连续。

假设 4.3　设 G 为定义在 Ω 上的置换，对 $X \subseteq \Omega$，设 $G(X)=\{G(x): x \in X\}$。令 $m'=G(m)$ 为置换后指派给 Ω 的命题的基本置信指派，即对于 $X \in R$，

$m'(G(X))=m(X)$，那么对 R 中的任意原子 x，$\mathrm{Bet}P(x;m)=\mathrm{Bet}P(G(x);G(m))$。

假设 4.4 设(Ω,R,Bel)为置信空间，$\tilde{\omega}$ 不是原子 $X\in R$ 的元素(因此 $\forall A\in R, A\subseteqq A\cup X$，和 $\mathrm{Bel}(A)=\mathrm{Bel}(A\cup X)$，根据一致性公理)。考虑置信空间$(\Omega',R',\mathrm{Bel}')$，此处 $\Omega'=\Omega-X$，R'是从 R 的原子中建立起的布尔代数。$\mathrm{Bet}P(x;m)$和 $\mathrm{Bet}P'(x;m')$分别是源自 $\mathrm{Bel}(m)$和 $\mathrm{Bel}'(m')$的 Pignistic 概率，则对每个原子 $x\in R'$：

$$\mathrm{Bet}P(x;m)=\mathrm{Bet}P'(x;m')$$

$$\mathrm{Bet}P(X;m)=0$$

定理 4.4 设(Ω,R)为一个命题空间，m 为 R 上的基本置信指派，$|A|$为 A 中 R 的原子数，在假设 4.1～假设 4.4 下，对 R 的任一原子 x 有

$$\mathrm{Bet}P(x;m)=\sum_{x\subseteq A\in R}\frac{m(A)}{|A|} \tag{4.28}$$

该转换称为 Pignistic 转换。

4.5 基于多 Agent 的分布式决策融合框架及算法

4.5.1 系统框架

在 MAS 中，由于单个 Agent 无法获取环境的完整信息，它们必须通过合作来完成它们的任务。目前有许多协调方案来开发分布式人工智能领域。大多数方案需要 Agent 之间的信息分享。信息分享可以是显示的，Agent 交流部分结果、观测或可得到的资源；也可以是隐式的，Agent 利用彼此之间的知识能力[22]。

在本节中，我们设计一种分层协调方案：Agent 并不是彼此进行信息分享，而是由一个指定的融合中心来进行交流。每个 Agent 有一个自己的内部模型，包括领域知识，所关心的一个前提集和一个对每个前提的置信指派；每个 Agent 可以提取环境的不同特征。每个 Agent 对于辨识框架的每个前提产生置信，传递这些置信到融合中心。融合中心组合每个 Agent 的基本置信生成对整个环境信息的置信值，决策中心产生辨识框架每个前提的 Pignistic 概率。决策制定根据 Pignistic 概率来得出。根据这种设计思想，我们提出了一种基于 TBM 的分布式决策方法[23]，系统框架如图 4.4 所示。

在置信层，每个 $\mathrm{Agent}_i(1\leqslant i\leqslant I)$分别对环境进行观测，然后针对自己对局部环境的知识，得出基本置信指派。融合中心将每个 Agent_i 对于局部环境信息所得到的置信指派进行合成(利用 Demspter 组合规则)，然后形成一个全局的信息知

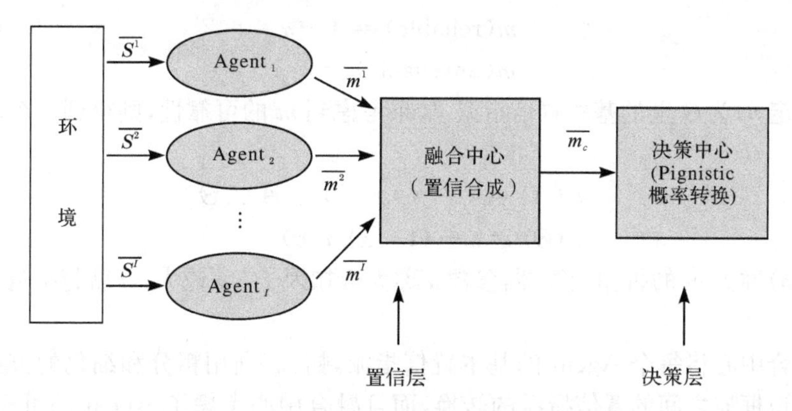

图 4.4　基于 TBM 的分布式决策系统框架

识，即整个辨识框架的所有子集的置信指派。

决策层：当系统需要进行决策制定时，根据融合中心所产生的置信指派，决策中心采取 Pignistic 转换，得到对于辨识框架中每类前提的概率分布。

4.5.2　融合中心

融合中心利用 Dempster 合成规则来融合每个 Agent 的基本置信指派。然而融合中心面临两个问题：如何解决不同内部结构的 Agent 的置信指派；如何处理 Agent 提供信息的可靠性。

图 4.4 中的融合中心可以组合各类不同性质的证据，然而 Dempster 组合规则是建立在单一辨识框架上的。如果 Agent 的内部模型不同(有不同的辨识框架，并且这些辨识框架是相容的)，我们利用辨识框架的粗分和细化来解决不同辨识框架的基本置信指派的组合。

假设两个 Agent_i、Agent_j 有不同的相容的辨识框架 $\Theta=\{\theta_1^i,\theta_2^i,\cdots,\theta_n^i\}$ 和 $\Omega=\{\theta_1^j,\theta_2^j,\cdots,\theta_m^j\}$，映射 $\sigma:2^\Theta\rightarrow 2^\Omega$ 是为从 Θ 到 Ω 的一个细化。如果存在 $A\subset\Theta$，$B\subset\Omega$，使 $\sigma(A)=B$，那么就可以对辨识框架 Θ 和 Ω 的基本置信指派进行转换和传递了。令 m_1 和 m_2 分别为辨识框架 Θ 和 Ω 的基本置信指派，有

$$\forall B\subset\Omega,\quad m_2(B)=\sum_{A\subset\Theta:\sigma(A)=B} m_1(A) \tag{4.29}$$

当没有 A 满足条件时，式(4.29)的求和为 0，则称 m_2 是 m_1 在 Ω 的空扩展[5]。

融合中心如何处理不同的 Agent 提供信息的可靠性，即不同的 Agent 的“有效值”？我们的思路是：对于“有效值”高的 Agent，它提供的信息给予高的权值；而“有效值”低 Agent 提供的信息给予低的权值。令 $1-\alpha$ 是我们分配给 Agent 的信任程度，$\alpha\in[0,1]$。假设一个前提集{reliable，unreliable}，对 Agent 的信任程度就可以表示为一个基本置信指派[24]：

$$m(\text{reliable}) = 1 - \alpha \tag{4.30}$$

$$m(\text{unreliable}) = \alpha \tag{4.31}$$

假定 m 为 Θ 上的基本置信指派，如果考虑到 m 的可靠性，则得到一个新的置信值：

$$m^{\alpha}(A) = (1-\alpha)m(A), \quad A \subset \Theta \tag{4.32}$$

$$m^{\alpha}(\Theta) = \alpha + (1-\alpha)m(\Theta) \tag{4.33}$$

式(4.33)称为 m 的折扣运算器，参数 α 称为折扣因子。α 越大，m 就越接近空置信函数。

融合中心将每个 Agent 的基本置信指派融合。利用粗分和细化的方法处理不同辨识框架之间的置信指派的转换，而且融合中心考虑了 Agent 的可靠性，分配折扣因子给每个 Agent 基本置信指派。

令 m^i 是 Agent_i 的基本置信指派，并且使每个 Agent 的置信指派都转换到同一个辨识框架下。令 α_i 是 Agent_i 的折扣因子。利用 Dempster 组合公式，我们设计融合中心的置信组合如下：

$$m_c(\theta_k) = c \sum_{\substack{A_i \subset \Theta \\ \bigcap_{i=1}^{I} A_i = \theta_k}} m^{1,\alpha_1}(A_1) m^{2,\alpha_2}(A_2) \cdots m^{I,\alpha_I}(A_I) \tag{4.34}$$

$$c = \Big(\sum_{\substack{A_i \subset \Theta \\ \bigcap_{i=1}^{I} A_i \neq \varnothing}} m^{1,\alpha_1}(A_1) m^{2,\alpha_2}(A_2) \cdots m^{I,\alpha_I}(A_I) \Big)^{-1}$$

这样，融合中心就得出了辨识框架 $\Theta = \{\theta_1, \theta_2, \cdots, \theta_n\}$ 中的每个前提的总的置信值 $\{m_c(\theta_1), m_c(\theta_2), \cdots, m_c(\theta_n)\}$，以及置信值 $m_c(\Theta)$。

4.5.3 决策中心

当系统需要进行决策制定时，在决策层得出对环境状态的决策。我们设计的决策中心根据融合中心所产生的置信指派，采取 Pignistic 转换，得到对于辨识框架中每类前提 θ_k 的概率分布，$\forall A \subset \Theta$：

$$\text{Bet}P_k = \text{Bet}P(\theta_k) = \sum_{\substack{\theta_k \in A \\ A \subseteq \Theta}} \frac{m_c(A)}{|A|} \tag{4.35}$$

通过对图 4.4 中的置信层和决策层的分析可以看出，在基于 TBM 的分布式决策系统，每个 Agent 有了更明确的模型和涵义，以及各自具体的功能。决策系统利用信息融合中的证据推理理论，得到了更有效的合成分布式系统信息的能力，并且拥有一种新的决策制定方法。

4.6 仿真算例

我们利用 SimuroSot 仿真比赛系统作为研究平台。基于多 Agent 的分布式决策融合对赛场信息进行综合,判断出赛场环境的状态。我们将有关足球的信息主要确定赛场状态,对手的信息主要用来判断对手所采用的策略。

4.6.1 赛场状态信息

足球的信息:{足球的位置、足球的运动方向}。这两个信息分别由 Agent_p、Agent_d进行观测。令 Agent_p的辨识框架为 $\Theta_p=${威胁,次威胁,次有利,有利}。令 Agent_d的辨识框架为 $\Theta_d=${朝向我方,朝向敌方}。Agent_p和 Agent_d可以从场上的足球的位置信息以及足球的方向信息分别得出相应的基本置信指派。

Agent_p的特征向量是足球的位置坐标:$\bar{S}_P=\{x,y\}$。根据比赛场地的特点定义四个参考向量 ω_P^1、ω_P^2、ω_P^3、ω_P^4。测度函数定义为

$$\Phi(\bar{S}_p,\theta_p^k)=\exp(-\gamma^k(d^k)) \tag{4.36}$$

其中,$k=1,2,3,4;\gamma^k>0;d^k=||\bar{S}_P-\omega_P^k||$。

可以得出 Agent_p置信指派为 m_p(威胁)、m_p(次威胁)、m_p(次有利)、m_p(有利)、$m_p(\Theta_p)$。

Agent_d的特征向量为足球的方向角度:$\bar{S}_d=\{\varphi\}$。通过对赛场分析,以敌我两方的球门 goal_{opp}、$\text{goal}_{\text{home}}$作为参考点,使足球的运动方向与 goal_{opp}、$\text{goal}_{\text{home}}$的夹角分别为 $0°\leqslant\varphi_k\leqslant180°(k=1,2)$,则

$$\Phi(\bar{S}_d,\theta_d^k)=\frac{\cos\varphi_k+1}{2} \tag{4.37}$$

可以得到 Agent_d的置信指派:m_d(朝向我方)、m_d(朝向敌方)、$m_d(\Theta_d)$。

融合中心将每个 Agent 的置信指派作为输入,进行 Dempster 合成。融合中心确定组合后的置信指派的辨识框架为 $\Theta_f=${威胁,次威胁,次有利,有利},因此必须把 Agent_d的置信指派转换为在辨识框架 Θ_f下的置信值。通过分析,令 Ω:$2^{\Theta_d}\rightarrow2^{\Theta_f}$是从 Θ_d到 Θ_f的一个细化。在置信转换过程中,依据实际特点添加了一些转化规则,根据足球所在的区域(area1、area2、area3)进行判断。

```
if ball is area1, then
σ1({朝向我方})={威胁}and
        σ1({朝向敌方})={次威胁,次有利,有利},
if ball is area2, then
σ1({朝向我方})={威胁,次威胁}and
```

σ_1({朝向敌方})={次有利,有利},

if ball is area3, then

σ_1({朝向我方})={威胁,次威胁,次有利}and

σ_1({朝向敌方})={有利},

同时还有 $\sigma_1(\Theta_d)=\Theta_f$。

融合中心同时还要考虑到每个 Agent 输出信息的可靠性,令 α_p 和 α_d 分别是 Agent_p 和 Agent_d 的折扣因子。根据比赛特点设计 α_p 和 α_d(仿真中当足球在中场位置时,α_p 取 0.6,而 α_d 取 0.1;当足球靠近赛场两端时,α_p 取 0.1,而 α_d 取 0.8)。

融合中心通过 Dempster 组合规则得出:m_f(威胁)、m_f(次威胁)、m_f(次有利)、m_f(有利)、$m_f(\Theta_f)$。决策中心把融合中心的结果作为输入,由式(4.25)得出辨识框架 Θ_f 中每个前提的概率值。在应用中,我们根据概率值的大小来判断赛场的状态信息。

图 4.5 表示赛场状态信息的 5 个事例,如果以右方为我方,通过决策得到每个状态的 Pignistic 概率 $\text{Bet}P_1$(威胁)、$\text{Bet}P_2$(次威胁)、$\text{Bet}P_3$(次有利)、$\text{Bet}P_4$(有利),可以判断此刻的赛场状态。表 4.1 表示单独利用 Agent_p 进行观测得到的赛场状态信息。表 4.2 显示了通过融合 Agent_p 和 Agent_d 观测赛场环境得到的赛场状态。可以看出分布式决策系统融合了每个 Agent 的观测信息后得到了更准确、更有效的赛场状态信息。

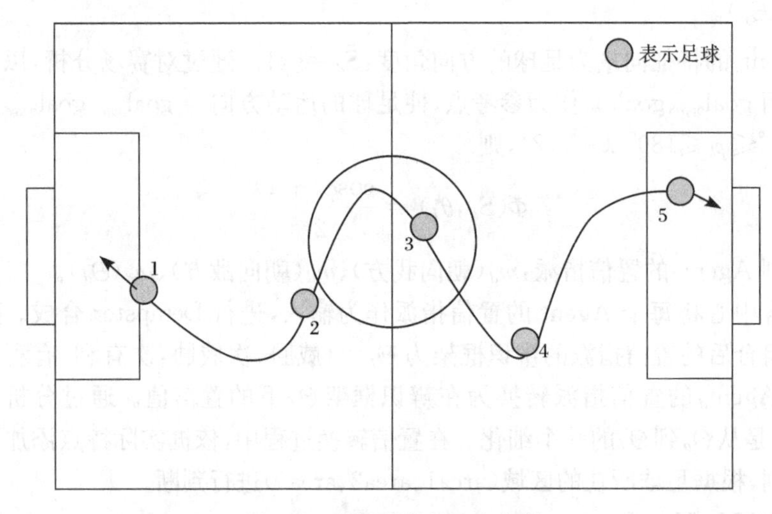

图 4.5　赛场状态的 5 个事例

表 4.1　单 $Agent_p$ 决策得到的赛场状态信息

赛场状态	$BetP_1$	$BetP_2$	$BetP_3$	$BetP_4$
事例 1	0.072856	0.159931	0.224461	0.542753
事例 2	0.058579	0.220646	0.617479	0.103296
事例 3	0.021759	0.856901	0.103349	0.017991
事例 4	0.203953	0.457638	0.251437	0.086973
事例 5	0.639409	0.172916	0.126939	0.060736

表 4.2　融合 $Agent_p$ 和 $Agent_d$ 融合决策赛场环境得到的赛场状态

赛场状态		$BetP_1$	$BetP_2$	$BetP_3$	$BetP_4$
事例 1	L	0.051437	0.108067	0.147387	0.693109
	R	0.083047	0.183288	0.258486	0.475180
事例 2	L	0.078714	0.081742	0.617399	0.222144
	R	0.216245	0.505598	0.139411	0.138746
事例 3	L	0.119005	0.123862	0.579351	0.177782
	R	0.054978	0.837930	0.054657	0.052435
事例 4	L	0.125516	0.125686	0.506824	0.241973
	R	0.241554	0.596728	0.081055	0.080663
事例 5	L	0.506455	0.240708	0.172812	0.080025
	R	0.636418	0.176342	0.127544	0.059696

注：L、R 分别表示左、右两个方向

4.6.2　对手的策略

在足球比赛中，足球的状态是关键的信息，而对手的策略是另一个必须关注的焦点。我们必须知道对方每个球员的信息，由此判断出对方此时所采用的队形和策略。通常我们的判断思路为：是进攻？是防守？判断对手的策略信息，是制定我方策略的一个重要依据。

根据 SimuroSot 仿真比赛的实际情况，我们设计使用 4 个 Agent 来分别观测对方场上的 4 个机器人(除去守门员)。$Agent_i$ $(i=1,2,3,4)$ 有相同的内部结构，从对方机器人的位置信息得出它的基本置信指派。辨识框架 $\Theta_r=\{$进攻，防守$\}$。

$Agent_i$ 观测的特征向量为对方机器人 i 的位置坐标：$\bar{S}_i=\{x_i,y_i\}$。根据比赛场地的特点定义 2 个参考向量：ω_i^1、ω_i^2。测度函数定义为

$$\Phi(\bar{S}_i,\theta_i^k)=\exp\left(-\gamma^k(d^k)\right) \tag{4.38}$$

其中，$k=1,2$；$\gamma^k>0$；$d^k=||\bar{S}_i-\omega_i^k||$。

构建 $Agent_i$ 的模型可以得到基本置信指派：m_i（进攻）、m_i（防守）、$m_i(\Theta_r)$。

融合中心利用 Dempster 组合规则，将每个 $Agent_i$ 的置信指派融合，得出：m_r（进攻）、m_r（防守）、$m_r(\Theta_r)$。决策中心根据 Pignistic 概率函数，产生 Θ_r 的每个前提的概率值。这样，我们就可以从概率值中得出对方的策略信息。

图 4.6 所示为对手的 4 个机器人（除去守门员）的 5 种典型的策略队形。如果以右方为我方，利用决策输出的 Pignistic 概率 $BetP_1$（进攻）、$BetP_2$（防守）（表 4.3），来判断对手的策略信息。

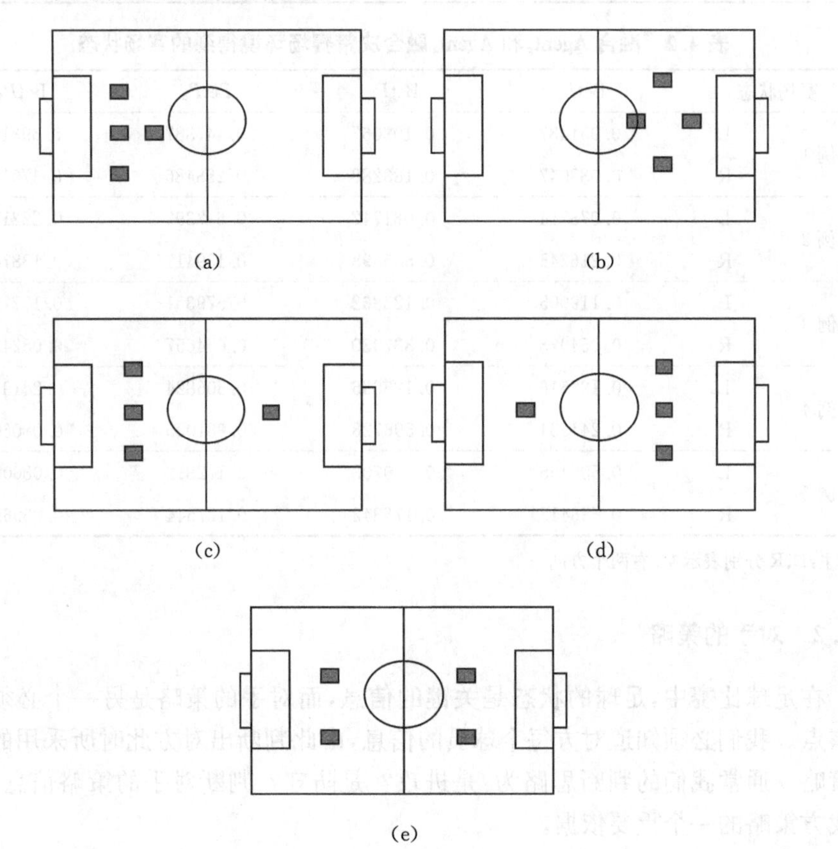

图 4.6 对手的 5 种策略队形

■表示对方机器人

表 4.3 融合决策对手的策略信息

对手的策略队形	$BetP_1$	$BetP_2$
策略队形(a)	0.150022	0.849978
策略队形(b)	0.814607	0.185393

续表

对手的策略队形	$BetP_1$	$BetP_2$
策略队形(c)	0.282619	0.717381
策略队形(d)	0.634057	0.365943
策略队形(e)	0.470250	0.529750

4.7　多 Agent 分布式决策融合策略

异构决策 Agent 的融合，以及决策融合中心需按系统经验综合接收观测信息，是决策融合中心必须考虑的关键问题。决策融合中心模型如图 4.7 所示。

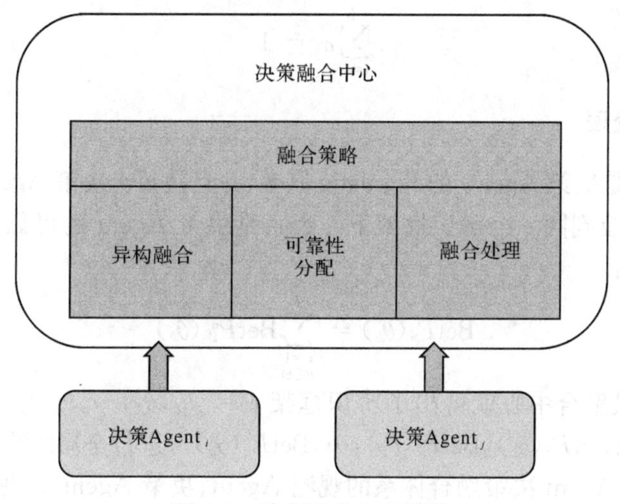

图 4.7　决策融合中心模型

决策融合中心的融合策略包括异构融合、可靠性分配以及融合处理。其中，异构融合是解决异构决策 Agent 的信息融合；可靠性分配依据决策系统的经验信息对不同决策 Agent 提供的信息进行折扣分析，分配不同的折扣因子；融合处理完成全局信息的决策融合。

4.7.1　异构融合

假设两个 Agent_i、Agent_j 有不同的相容辨识框架 $\Theta=\{\theta_1^i,\theta_2^i,\cdots,\theta_n^i\}$ 和 $\Omega=\{\theta_1^j,\theta_2^j,\cdots,\theta_m^j\}$，映射 $\sigma:2^\Theta\rightarrow2^\Omega$ 为从 Θ 到 Ω 的一个细化。如果存在 $A\subset\Theta,B\subset\Omega$，使得有 $\sigma(A)=B$，那么就可以对辨识框架 Θ 和 Ω 的概率进行转换和传递了。令 Bet_1 和 Bet_2 分别为辨识框架 Θ 和 Ω 的 Pignistic 概率：

$$\forall B \subset \Omega, \quad \mathrm{Bet}P_2(B) = \sum_{A \subset \Theta : \sigma(A) = B} \omega_x \mathrm{Bet}P_1(A) \tag{4.39}$$

其中，ω_x表示 A 的 Pignistic 概率系数，可由 $\sigma(A)=B$ 得出，且 $\sum \omega_x = 1$。当没有 A 满足条件时，上式的求和为 0。

4.7.2 可靠性分配

决策融合中心如何处理不同的决策 Agent 提供信息的可靠性，即不同的决策 Agent 的“有效值”？我们的思路是：对于“有效值”高的决策 Agent，它提供的信息给予高的权值；而对于“有效值”低的决策 Agent，提供的信息给予低的权值。

在系统制定某个决策时，根据系统经验，为每个决策 Agent_i 分配信息源的可靠性因子 $\alpha_i \in [0,1]$有

$$\sum_{i=1}^{I} \alpha_i = 1 \tag{4.40}$$

4.7.3 融合处理

令 $\mathrm{Bet}P_i$ 是决策 Agent_i 的 Pignistic 概率，并且使每个决策 Agent 的 Pignistic 概率都能够转换到同一个辨识框架下。令 α_i是决策 Agent_i的可靠性因子。决策融合处理如下：

$$\mathrm{Bet}P_c(\theta_k) = \sum_{\substack{i=1 \\ \theta \in \Theta}}^{I} \mathrm{Bet}P_i^{\alpha_i}(\theta_k) \tag{4.41}$$

这样，决策融合中心就得出了辨识框架 $\Theta = \{\theta_1, \theta_2, \cdots, \theta_n\}$ 中的每个前提的 Pignistic 概率$\{\mathrm{Bet}P_c(\theta_1), \mathrm{Bet}P_c(\theta_2), \cdots, \mathrm{Bet}P_c(\theta_n)\}$，进行全局决策。

通过对多 Agent 决策融合体系的观测 Agent、决策 Agent 和决策融合中心的分析可以看出，在多 Agent 决策融合系统中，每个 Agent 有了更明确的模型和含义，以及各自具体的功能。决策系统利用信息融合中的证据推理理论，得到了更有效的合成分布式系统信息的能力，并且拥有一种新的决策制定方法。

4.7.4 在机器人足球中的应用

机器人足球是人工智能和机器人学研究的一个新的标准问题，它以 MAS 和 DAI 为主要研究背景，其研究的主要目的就是通过提供一个标准的、易于评价的比赛平台，检验并促进人工智能及相关智能机器人技术的研究与发展。作为比赛策略研究的高层问题，机器人足球赛场态势评估是一个崭新的研究课题，是开发高水平策略系统所必须解决好的关键问题，但现已开发出的大多数策略系统在赛场态势评估方面的研究还很缺乏，导致场上阵形打法比较单一，缺少策略上的机动灵活性。本书将多 Agent 决策融合机器人足球比赛态势分析，实现在对抗性多

机器人系统中的态势评估。本书应用平台为 SimuroSot 仿真比赛平台[9]。

机器人足球中赛场态势信息包括足球的位置信息、对手的阵形信息。足球的位置信息由 $\text{Agent}_{\text{ball\_ob}}$ 观测，对手的阵形信息由 4 个观测 $\text{Agent}_{\text{i\_ob}}$ 分别进行观测（赛场有 4 个对手机器人）。

令观测 $\text{Agent}_{\text{ball\_ob}}$ 的辨识框架为 $\Theta_{\text{ball}}=\{$威胁，次威胁，次有利，有利$\}$。如 4.6.1 节所述设置，可以得出 $\text{Agent}_{\text{ball\_ob}}$ 置信指派：m_{ball}（威胁）、m_{ball}（次威胁）、m_{ball}（次有利）、m_{ball}（有利）、$m_{\text{ball}}(\Theta_p)$。继而得出决策 $\text{Agent}_{\text{ball}}$ 的 Pignistic 概率：$\text{Bet}P_{\text{ball}}$（威胁）、$\text{Bet}P_{\text{ball}}$（次威胁）、$\text{Bet}P_{\text{ball}}$（次有利）、$\text{Bet}P_{\text{ball}}$（有利）。

$\text{Agent}_i(i=1,2,3,4)$有相同的内部结构，从对方机器人的位置信息得出它的基本置信指派。辨识框架 $\Theta_r=\{$进攻，平衡，防守$\}$。通过融合 4 个进攻对手的置信信息，得出对手的整体态势评估置信值：m_{opp}（进攻）、m_{opp}（平衡）、m_{opp}（防守）、$m_{\text{opp}}(\Theta_r)$。决策 $\text{Agent}_{\text{opp}}$ 得出 Pignistic 概率：$\text{Bet}P_{\text{opp}}$（进攻）、$\text{Bet}P_{\text{opp}}$（平衡）、$\text{Bet}P_{\text{opp}}$（防守）。

决策融合中心分布采用异构融合、可靠性分配、融合处理过程，得出全局 Pignistic 概率：$\text{Bet}P_c$（威胁）、$\text{Bet}P_c$（次威胁）、$\text{Bet}P_c$（次有利）、$\text{Bet}P_c$（有利）。

在仿真试验中，我们构建了 5 种比赛态势，分别包括足球的位置信息和对手 4 个进攻机器人（不包括守门员）的位置信息，如图 4.8 所示，其中我方从右向左攻。

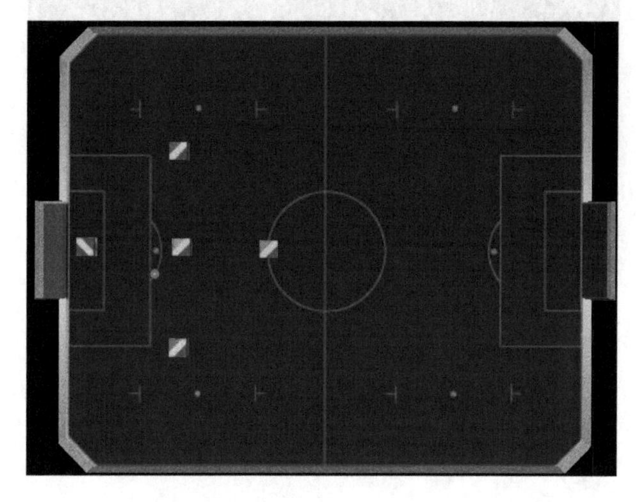

(a)

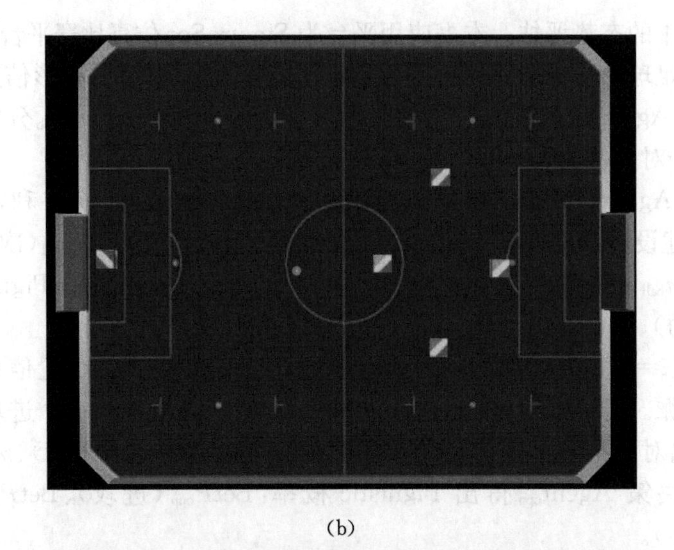

(b)

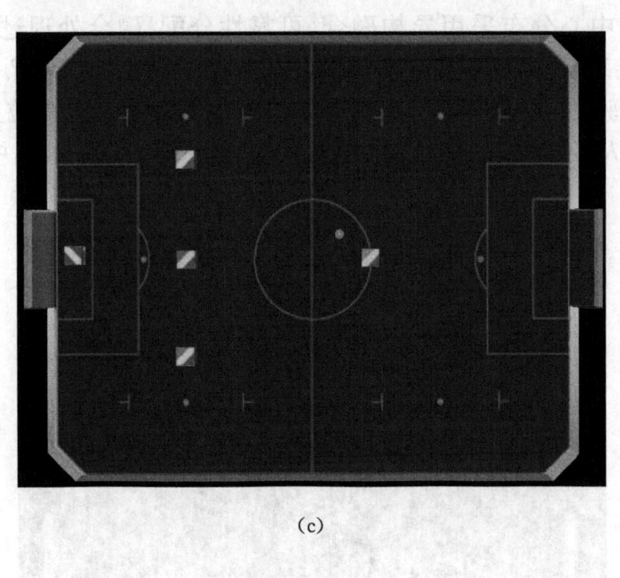

(c)

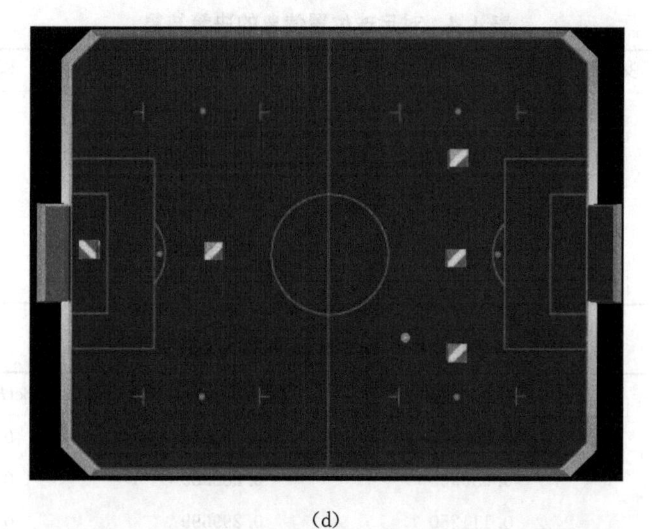

(d)

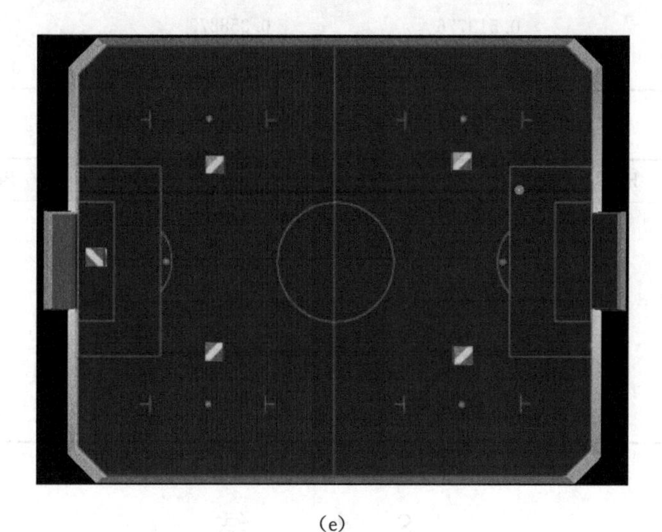

(e)

图4.8 5种比赛态势

仿真分别采用3种方法对比赛态势进行决策：①对足球的位置信息进行决策，结果如表4.4所示；②对4个对手机器人位置进行信息融合，并得出决策，结果如表4.5所示；③采用多Agent决策融合进行决策，其中决策融合中心的辨识框架为{威胁，次威胁，次有利，有利}，参数ω_x分别设置为0.7、0.5、0.3，可靠性因子α_i分别选择0.6和0.4。结果如表4.6所示。

表 4.4　对足球位置信息的决策结果

赛场状态	$BetP_{ball}$(威胁)	$BetP_{ball}$(次威胁)	$BetP_{ball}$(次有利)	$BetP_{ball}$(有利)
(a)	0.072856	0.159931	0.224461	0.542753
(b)	0.058579	0.220646	0.617479	0.103296
(c)	0.021759	0.856901	0.103349	0.017991
(d)	0.203953	0.457638	0.251437	0.086973
(e)	0.639409	0.172916	0.126939	0.060736

表 4.5　对 4 个对手机器人位置信息的决策结果

赛场状态	$BetP_{opp}$(进攻)	$BetP_{opp}$(平衡)	$BetP_{opp}$(防守)
(a)	0.049400	0.153675	0.796925
(b)	0.635963	0.286989	0.077048
(c)	0.111250	0.299699	0.589052
(d)	0.519776	0.358872	0.121352
(e)	0.164899	0.672473	0.162628

表 4.6　多 Agent 决策融合结果

赛场状态	$BetP_c$(威胁)	$BetP_c$(次威胁)	$BetP_c$(次有利)	$BetP_c$(有利)
(a)	0.057546	0.132622	0.261043	0.548791
(b)	0.290536	0.288828	0.346957	0.073678
(c)	0.055429	0.452695	0.237580	0.25480
(d)	0.299887	0.384276	0.230080	0.085757
(e)	0.429817	0.258032	0.230173	0.081978

4.8　小　　结

本章提出了一种基于多 Agent 的分布式决策融合方法。在 Agent 信息模型设计中,每个 Agent 利用证据推理得到局部信息的置信,每个 Agent 是独立的,可以是同构的,也可以是异构的,不限制它提取环境信息和特征的类型和方法。基于 TBM 的分层结构,在分布式决策系统框架中,融合中心将每个 Agent 提供的信息在置信层进行整理和综合,得出了对全局环境的置信值,决策中心在决策层对全局置信进行概率转换,得到了最终的决策结论。

在算例仿真中,选取合适的辨识框架,以及设计有效的 Agent 信息模型是提高决策系统运行效果的两个关键因素,同时,融合中心必须对 Agent 提供的信息分配合理的折扣因子，从而提高决策系统的准确性和有效性。

在对抗性多机器人系统中，环境状态变化的复杂性是系统决策制定的难点之一。决策的依据主要来自于环境自身的因素，但不能忽视对抗性特点对环境状态改变的影响。本书基于多 Agent 的决策融合，分别利用异构的观测 Agent 对不同的环境特征信息、对手整体特征进行处理，再分别由相应的决策 Agent 根据不同的置信值产生概率判断，通过决策融合中心得出最终的全局判断。

在算例仿真与应用实验中，我们发现不同 Agent 模型的设计是决策系统的关键。而且，本书采用观测—决策—决策融合的方法构建决策融合系统能够满足对抗性多机器人系统决策制定的时效性能。当然，研究和发展更高效的决策融合系统需要借助于更多的理论和方法，这也是 MAS 发展面临的一个重要问题。

参考文献

[1] 韩崇昭，朱洪艳，段战胜. 多源信息融合. 北京：清华大学出版社，2010.

[2] Waltz E, Linas J. Multisensor Data Fusion. Boston: Artech House, 1990.

[3] Zadeh L A. Fuzzy sets. Information and Control, 1965, 8(3): 338-353.

[4] Pawlak Z. Rough Sets: Theoretical Aspects of Reasoning about Data. Boston: Kluwer Academic Publishers, 1991.

[5] Hall D L. Mathematical Techniques in Multisensor Data Fusion. Norwood: Artech House, 1992.

[6] Shafer G. A Mathematical Theory of Evidence. Princeton: Princeton University Press, 1976.

[7] Dempster A P. Upper and lower probabilities induced by a multivalued mapping. Annals of Mathematical Statistics, 1967, 38(2): 325-339.

[8] 陈增明. 群决策环境下证据理论决策方法研究与应用. 合肥：合肥工业大学博士学位论文，2006.

[9] Smets P. Analyzing the combination of conflicting belief functions. Information Fusion, 2007, 8(4): 387-412.

[10] 段新生. 证据理论与决策、人工智能. 北京：中国人民大学出版社，1993.

[11] Smets P. Decision making in the TBM: the necessity of the Pignistic transformation. International Journal of Approximate Reasoning, 2005, 38(2): 133-147.

[12] Cobb B R, Shenoy P P. On the plausibility transformation method for translating belief function models to probability models. International Journal of Approximate Reasoning, 2006, 41(3): 314-330.

[13] Strat T M. Decision analysis using belief functions. International Journal of Approximate Reasoning, 1990, 4(5): 391-417.

[14] 肖文. 基于证据推理的多属性决策关联问题研究. 南昌：江西财经大学博士学位论文，2010.

[15] 范波，潘泉，张洪才. 一种基于可传递置信模型的分布式决策方法. 系统仿真学报，2004，16(11)：2622-2625.

[16] Rogova G，Nimier V. Reliability in information fusion：literature survey. Proceedings of International Conference on Information Fusion，Mountain View，2004：1158-1165.

[17] Rogova G，Kasturi J. Reinforcement learning neural network for distributed decision making. Proceedings of the FUSION'2001-Forth Conference on Multisource-Multisensor Information Fusion，Montreal，2001，TuA2：15-20.

[18] Smets P，Kennes R. The transferable belief model. Artificial Intelligence，1994，66(2)：191-234.

[19] 徐从富，耿卫东，潘云鹤. Dempster-Shafer 证据推理方法理论与应用的综述. 模式识别与人工智能，1999，12(4)：424-430.

[20] 张山鹰. 证据推理及其在目标识别中的应用. 西安：西北工业大学博士学位论文，1999.

[21] 戴冠中，潘泉，张山鹰，等. 证据推理及其存在的问题. 控制理论与应用，1999，16(4)：465-469.

[22] Rogova G，Scott P，Lolett C. Distributed reinforcement learning for sequential decision making. Proceedings of the Fifth International Conference on Information Fusion，Annapolis，2002：1263-1268.

[23] 范波，普杰信，刘刚. 一种基于可传递置信模型的分布智能体决策融合方法. 计算机应用研究，2010，27(2)：443-446.

[24] Smets P. The transferable belief model for expert judgment and reliability problems. Reliability Engineering and System Safety，1992，38(1)：59-66.

第5章　强化函数设计方法及其在学习系统的应用

5.1 引　　言

强化学习是一种从自身经历中求解的学习方法。学习单元通过与未知环境不断相互作用来达到获得知识和适应环境的目的。强化学习不像其他机器学习那样,被告知应该采取什么行动;也不像监督学习那样,对每个输入均有一个理想输出作为外界的指导信号提供给学习单元。它只能从外界环境获取评估性的反馈信号,即奖励或惩罚,然后通过试凑搜寻,发现哪些行动会带来丰厚的效益(报酬)。这一方法曾较多地使用于机器人路径规划和运动控制等领域,效果较好。更主要的是由于强化学习方法的本质特性,如试错学习(trial and error)、延迟回报(delayed reward)和目标导向(goal directed)等,使其成为实现机器人自主学习和智能控制的一个较优的选择。

然而,强化学习在研究自主机器人的行为学习时也存在一些问题,其中最为核心的问题是算法的收敛速度,也就是实时性和组合爆炸的问题。强化学习收敛速度较慢,尤其在搜索空间较大时更为明显,难以满足机器人行为的实时性。强化学习方法的目的是在状态空间和动作空间中找到优化的映射关系。真实环境中的机器人有一组离散和连续的状态和动作,将所有这些描述出来,即使是最简单的机器人,需要的变量也相当大,这就形成了传统强化学习方法中的组合爆炸。为了提高强化学习的速度,国内外学者提出了各种方法[1-5],其中最为典型的是Mahadevan等提出的子任务的方法[3],子任务方法是将整体任务的学习分解成多个不同子任务的学习的方法,大大减少了学习空间的大小,从而加快了学习收敛速度。强化学习也有与其他智能技术结合实现机器人系统的智能控制[6,7]。例如,Fan等提出了基于强化学习和自适应共振理论神经网络[adaptive resonance theory 2(ART2)neural network]的控制算法作为避障策略[6],Kondo等提出了基于强化学习和进化状态补充策略(evolutionary state recruitment strategy)的控制算法以提高对外界信息的计算效率等[7]。这些研究方法都在一定程度上提高了强化学习的速度和效率,但仍存在一些局限性,例如,这些研究大多在结构化的环境中进行的,对未知环境并不适应;这些方法没有考虑强化学习存在的风险性和学习经验利用率低的问题:如果机器人在一个不友好的环境(噪声大的环境)中,采用试错的方式进行学习可能存在风险,并且机器人通过试错而获得的经验仅被

一次性用于调整 Q 函数，使得强化学习自身产生的经验没有得到充分的利用，因而获得一些经验的代价较高，这就是传统强化学习的结果奖赏函数——仅对成功完成任务时进行奖赏，忽略了完成任务的各个动作和趋势。

强化学习是一种交互式学习方法，在实际环境中，Agent 通过环境的奖惩反馈指导学习，但是这种反馈常常不是实时的，而是要经过一段时间延迟，且延迟时间往往又是不确定的，使得学习变得十分困难。本章根据实际任务的特点，设计一种基于知识的强化函数，通过简化和降低系统的复杂性以及引入其他相关信息丰富强化信息的内容，使 Agent 能结合有效的经验信息和先验知识来进行学习。

5.2 强化学习应用中的关键问题

近年来，研究者在理论研究和工程应用等方面都对强化学习进行了深入的研究，尤其是在机器人领域，目前也趋向于采用真实机器人系统；但由于各种系统不同的特性以及机器人实际性能的限制，强化学习在应用中还存在亟需解决的问题。

5.2.1 泛化方法

泛化(generalization)是强化学习方法的一种重要能力，主要原因是：

(1) 对于大规模 MDP 或连续空间 MDP 问题中，强化学习不可能遍历所有状态；

(2) 在应用中，大多数实际系统本身的输入输出是连续状态空间。

目前实现强化学习泛化能力的方法主要有两类：

(1) 函数逼近方法；

(2) 利用合适的知识表示方法(如模糊逻辑、灰色代数等)，设计自适应的状态聚类或连续状态空间离散化方法。

1. 强化学习中的函数逼近问题

函数逼近就是利用参数化的函数逼近强化学习中的映射关系，如 $S \to A$、$S \to R$、$S \times A \to R$、$S \times A \to S$ 等。在经典的强化学习算法中，值函数采用查找表(look-up-table)方式保存，而在函数估计中，采用参数化的拟合函数替代查找表。目前函数估计的方法通常采用监督式学习方法，如函数插值、人工神经网络[8]等方法。函数估计方法可以大幅度提高强化学习的学习速度，实现泛化能力，但并不能够保证收敛性。因此研究能保证收敛性的新型函数估计方法，是此类泛化方法得以广泛应用的关键。

强化学习算法一般都是针对离散状态和动作空间 MDP 的，即状态的值函数或动作的值函数均采用表格形式存储和迭代计算。但是实际系统往往是复杂系统并且状态空间和动作空间通常是连续的，如果采用查找表法来存储状态和动作值函数，必然会造成类似于动态规划中的“维数灾”问题，而且对于连续的复杂大系统，强化学习 Agent 在学习过程中不可能去遍历所有状态。为了克服“维数灾”，实现对连续状态或动作空间 MDP 最优值函数和最优策略的逼近，要求强化学习必须具有泛化能力，即利用有限的学习经验和记忆实现对一个大范围空间的有效知识获取和表示。

值函数逼近在动态规划的研究中开展的较早，但强化学习中的值函数逼近方法研究则与神经网络研究的重新兴起密切相关。随着神经网络的监督学习方法如反向传播算法的广泛研究和应用，将神经网络的函数逼近能力用于强化学习的值函数逼近逐渐开始得到学术界的重视。在 TD 算法的研究中，线性值函数逼近器得到了普遍的研究和关注。在神经网络作为值函数逼近器的研究中，小脑模型关节控制器(CMAC)是应用较为广泛的一种。Sutton 将 CMAC 成功地应用于连续状态空间 MDP 的时域差值预测学习和学习控制问题中。在上述研究中，神经网络的学习算法都采用了与线性 TD(λ)学习算法相同的直接梯度下降形式[9]。Barid 指出上述直接梯度下降学习在使用非线性值函数逼近器求解 MDP 的学习预测和控制问题时可能出现发散情况，并设计了一种基于 Bellman 残差标准的梯度下降法，称为残差梯度学习(residual gradient)，可以保证非线性值函数逼近器在求解平稳 MDP 的学习预测问题时的收敛性，但无法保证学习控制问题时神经网络权值的收敛性。

与值函数逼近方法不同，策略空间逼近方法通过神经网络等函数逼近器直接在 MDP 的策略空间搜索，但存在如何估计策略梯度的困难。Perkins 研究了一种模型无关的逼近策略迭代算法，在策略评价过程中，采用 Sarsa 算法对线性状态——动作值函数进行更新，基于学习到的状态——动作值，采用了“策略改进算子”来产生新的策略，首次给出了一类逼近策略迭代算法的收敛结果。Mansour 等对于策略迭代的复杂性进行了分析，给出了策略迭代算法收敛到最优策略所要求的迭代步数的上限[10]。

在同时进行值函数和策略空间逼近的泛化方法中，基本上都采用了 AHC 结构，即 ASN 网络实现对连续策略空间的逼近，AEN 网络实现对状态值函数的逼近。在上述研究中，AEN 通常采用基于神经网络的时域差值 TD(λ)学习算法，而 ASN 网络则基于一种高斯分布的随机行为探索机制对策略梯度进行在线估计。

由于函数估计都是对状态空间的近似，因此只能求得次最优解，但是，我们可以通过选择合适的函数估计方法和分层方法来大幅度提高学习的速度。需要指出的是，采用了函数估计方法的强化学习并不保证收敛的，这是因为在实际系统中应用较多的神经网络在很多情况下是无法收敛的。因此强化学习的函数估计问题仍是学者研究的重点。

2. 强化学习中的状态聚类与离散

利用模糊逻辑实现强化学习系统连续状态空间离散化，是在移动机器人中应用最为广泛的一种方法[11]；它利用模糊化的方法将感知的环境信息离散化，同时为保证状态空间划分的合理性，可利用增量式的训练使模糊集合具有自调整、自适应的能力[12]。而在贫信息系统中，使用灰色理论也能够以类似的方法实现连续状态空间的自适应离散化。

5.2.2 探索与利用的权衡

探索和利用之间的权衡问题(the tradeoff between exploration and exploitation)是强化学习系统中的一个特有问题。一方面，Agent 需要尽可能地选择不同的动作，以找到最优的策略，即探索(exploration)；另一方面，又要考虑选择值函数最大的动作，以获得大的奖赏，即利用(exploitation)。而探索对学习是非常重要的，只有通过探索才能确定最优策略，而过多的探索会降低系统的性能，影响学习的速度。因此，学习过程中需要在获得知识和获得高的报酬之间进行折中，即对探索和利用进行平衡。

为了获得较大的报酬，强化学习 Agent 必须倾向于它曾经采用过，并且被证明能有效获得报酬的那些动作；但是为了能够发现这样的动作，它又必须尝试那些没有被选择过的动作，即 Agent 必须利用(exploit)它“已知”的去获取尽可能多的报酬，同时也要适当探索(explore)以便以后能作出更好的决策。同时又由于强化学习系统一般存在于一个动态环境中，在某一时刻学到的一个最优策略，在下一时刻可能随着环境的变化，此最优策略已经不再是最优的，而只是次优的，甚至是一个很差的策略，因此如何合理的探索新的策略对 Agent 至关重要。

探索方法可以粗略地分为直接(directed)探索和间接(undirected)探索。间接探索方法是通过给每个可能动作赋予一定的执行概率来完成对全部动作的尝试，常用的 Boltzmann 分布方法和 ε-greedy 方法就是典型的间接探索方法。Boltzmann 分布方法中，动作 a 选取的概率为

$$\mathrm{prob}(a_t = a \mid s_t = s) = \frac{\mathrm{e}^{Q(s,a)/T}}{\sum_b \mathrm{e}^{Q(s,b)/T}} \tag{5.1}$$

其中，$Q(s,a)$为状态-动作对的值函数；T 为可调节的温度参数。ε-greedy 方法是具有最高值函数动作被选中的概率为 ε，如果该动作没被选中，则在所有的可能动作中随机选择一个动作。为了更好地体现探索和利用的平衡，可以通过在线调整 Boltzmann 分布中的温度 T 和 ε-greedy 中的贪婪系数 ε-greedy，使得开始学习阶段侧重于探索，学习的后期则侧重于利用[13]。

直接探索一般是根据对过去经验的统计分析，进行有侧重范围的选择，而不像间接方法进行简单的随机探索或动作的概率已由人预先设定。一种经常用到的方法是基于学习次数统计的方法，如 Keams 和 Singh[14] 提出一个称为 E^3 的探索方法，他们根据学习的次数将状态划分为已知和未知，在已知状态下直接利用已学到的知识，在未知状态下则主要进行间接探索。而 Patrascu 和 Stacey 则根据成功的经验来指导探索过程，如果 Agent 一直获得奖赏，则连续利用已有的策略，直到 Agent 不能再获得奖赏或受到惩罚，则开始新的探索。Ishii 等模拟了人脑有选择地注意的特点，利用了探索收益(exploration bonus)，给出了一种能够适应环境变化的自适应平衡方法。

目前在强化学习的实际应用中解决探索与利用之间矛盾的方法主要是采用合适的探索策略，如贪心(greedy)策略、Softmax 方法等[15]。贪心方法是一种较为简单常用的探索策略，在此策略下，具有最高值函数的动作被选中的概率为贪心的补值，而以概率贪心在所有可能动作中随机地选择一个动作。实际应用中可以使学习系统在开始学习阶段侧重于探索，学习的后期侧重于利用，这一点可以通过分别在线调节各探索策略中的参数来实现。除了利用已有的探索策略，在设计新的强化学习方法的过程中，也会产生新的探索策略，如根据模拟量子效应的量子强化学习方法中采用的概率幅方法等。

5.2.3 强化函数与算法结构设计

强化函数与算法结构的设计是实现强化学习系统的核心工作，而在应用中决定强化函数与算法结构的最主要的因素是实际任务和环境的特点。例如，在一个机器人的学习系统中，强化函数需要对机器人的学习任务和动作表现给出一个正确的评价信息，如何设计适当的信息处理和表达方法将机器人的感知数据和评价信息联系起来是强化函数设计的关键。而在算法结构方面，根据学习问题的复杂程度决定是否要采用分层式的学习结构，是否要设计多个 Agent 实现分布式的学习系统等，从算法结构设计的理论论证到实现细节等多个方面都存在着需要深入研究的课题。

5.3 强化学习的奖惩函数

基于行为的移动机器人主要依靠各种传感器获取外界复杂、未知或不可预测环境的信息，根据 3.3 节所描述的强化学习，显然对于复杂任务的学习的状态空间将是非常大的。因此对于绝大多数的学习系统，总是采用信息归纳或者状态分组来简化，Mataric 提出以“行为-条件”来表征强化学习中的“状态-动作”概念[16]，以行为来表征驱使机器人的底层的动作，条件表征其状态空间。行为由条件触发,满足什么样的条件将触发相应的行为,如对于机器人捡拾目标物的条件是目标物在机器人抓取范围内。显然对于机器人学习的一个特定行为,相比于状态空间,满足行为的条件序列其复杂度要小得多,而且还可以离线进行计算。这样机器人只需要学习在某些条件下执行什么样的行为,因此将大大加快强化学习算法的收敛速度和增强其系统性能。同时这也给了我们一个启示:对于强化学习算法的奖赏函数可以以完成任务的各个动作和趋势来量度,而不是传统奖赏函数那样对整个任务的完成与否进行奖赏。这显然又加快了强化学习算法的收敛速度和增强了系统性能。

强化学习算法的一个重要特征是完成任务后获得的奖赏,而一个任务一般都由一系列的动作组成,这样传统的奖赏函数只能在完成一系列动作后得到奖赏,它是一种基于性能的奖赏函数,即结果奖赏函数,它只简单地给机器人表达任务,而没有列举怎样执行任务。例如,机器人在完成觅食任务时,只需对成功收集目标物并将之放入基地区的机器人给予奖赏:

$$\text{Reward}(t)=\begin{cases}1, & \text{如果既定任务成功完成}\\ -1, & \text{如果既定任务完成失败}\end{cases} \tag{5.2}$$

这种奖赏函数的最大的问题是奖赏被延迟了,机器人必须完成一系列动作后才能得到奖赏,这使得无法对每个动作的奖赏进行分配。

显然结果奖赏函数需要长时间的学习为完成整个任务而进行的所有动作,学习空间随着任务的复杂性增大将变得非常庞大,因而学习速度很慢。为了解决这个问题,Mahadevan 等提出了子任务的方法[17],子任务方法是将整体任务的学习分解成多个不同子任务的学习的方法,利用不同的行为状态定义各个子任务,同时定义了从一个状态转移到另一个状态的条件。这种方法很显然减少了学习空间的大小,从而加快了学习收敛速度。例如,机器人觅食任务也可分解成两个子任务:捡拾到(目标物)和递送好(目标物),这样子任务方法的奖赏函数可以表示为

$$\text{Reward}_{\text{subtask}}(t)=\text{Reward}_{\text{acquire}}(t)+\text{Reward}_{\text{deliver}}(t) \tag{5.3}$$

子任务方法的奖赏由两部分组成,$\text{Reward}_{\text{acquire}}(t)$和 $\text{Reward}_{\text{deliver}}(t)$分别是捡拾到(目标物)和递送好(目标物)的奖赏:

$$\text{Reward}_{\text{acquire}}(t)=\begin{cases}1, & \text{捡拾到目标物}\\ -1, & \text{其他}\end{cases} \tag{5.4}$$

$$\text{Reward}_{\text{deliver}}(t)=\begin{cases}1, & \text{递送的目标物}\\ -1, & \text{其他}\end{cases} \tag{5.5}$$

但是,子任务方法的奖赏本质上还是一种结果奖赏,只是把一个整体的结果奖赏按照子任务分解为几个不同的子结果奖赏。

针对这种情况,文献[18]提出过程奖赏的概念。过程奖赏不仅关心完成任务过

程中的每个动作，还关心完成任务的趋势，即机器人在某时刻的状态是接近或远离完成任务。过程奖赏函数能实时对机器人完成任务的每个动作和趋势进行奖赏：

$$\text{Reward}(t)=\text{Reward}_{\text{action}}(t)+\text{Reward}_{\text{trend}}(t) \tag{5.6}$$

过程奖赏由两部分组成，$\text{Reward}_{\text{action}}(t)$和$\text{Reward}_{\text{trend}}(t)$分别是对动作和趋势进行奖赏。针对机器人觅食的特定任务，其动作包括：

(1) 放置目标物到基地区；

(2) 机器人拾取目标物；

(3) 遗弃目标物于非基地区。

而完成觅食任务的趋势包括：①机器人拾取目标物并朝基地区移动；②机器人拾取目标物背离基地区移动等。因此

$$\text{Reward}_{\text{action}}(t)=\begin{cases}2, & \text{捡拾}\\ 2, & \text{放置}\\ -2, & \text{遗弃}\\ -1, & \text{其他}\end{cases} \tag{5.7}$$

$$\text{Reward}_{\text{trend}}(t)=\begin{cases}0.5, & \text{朝向}\\ -0.5, & \text{背离}\\ 0, & \text{其他}\end{cases} \tag{5.8}$$

相比于传统的结果奖赏函数，本章提出的过程奖赏函数可以从下面四个方面增强学习算法的鲁棒性，从而提高算法收敛速度和机器人的系统性能：

(1) 过程奖赏函数对机器人的每个动作都能提供实时奖赏。当机器人完成一项任务时，强化学习算法通过试错而获得大量的经验，结果奖赏函数获得的经验仅被一次性用于调整Q函数，而过程奖赏函数关注机器人的每个动作和趋势，充分利用强化学习自身产生的经验，并能实时提供奖赏。

(2) 过程奖赏函数可以终止某些行为或鼓励尝试新行为带来奖赏。完成复杂的任务一般都由一系列的行为组成，完成任务最终都会产生一个奖赏信号，因此结果奖赏函数在获得奖赏之前无法停止正在进行的行为，例如，机器人拾取目标物时，它的下一步行为是朝基地区移动并将目标物放入基地区才能获得奖赏，而过程奖赏函数可以终止朝基地区移动，而继续拾取别的目标物照样可以获得一定的奖赏。因此过程奖赏函数给行为停止提供了“非单一”的方法。

(3) 过程奖赏函数降低了在特定条件下由于错误的行为而获得的偶然奖赏。过程奖赏是一种增量式的奖赏，而不是结果奖赏的那种“一步到位”式的奖赏，因而能减少间断和偶然的成功所带来的奖赏。

(4) 过程奖赏函数可以降低强化学习算法对噪声的敏感度。过程奖赏函数不像结果奖赏函数那样，对可能有噪声影响的结果（如成功收集目标物并将之放入基地区）进行唯一的奖赏，因而对噪声影响不大。过程奖赏函数为由噪声造成的

间断和潜在的错误奖赏提供了去噪效果。

5.4　基于平均报酬模型的强化学习算法

5.4.1　报酬模型

折扣报酬模型以未来时间步的期望报酬的积累折扣和来表达在某状态选择某策略的值函数。而在许多问题中，内在的优化准则并不需要对报酬进行折扣，而是取每一步的平均报酬，也就是建立在平均报酬模型上。

平均报酬模型的优点是不需要选择合适的折扣因子。而且，有时候较远期望报酬的策略也可能是最优的，而折扣报酬模型显然更注重近期报酬，从而使系统陷入次优解。Mahadevan 采用了图 5.1 所示的例子说明这种情况[19]，机器人选择从“home”到“printer”的策略将获得＋5 的报酬，而选择较远的从“home”到“mail-room”的策略将获得＋20 的报酬，下面的图显示，当折扣因子选取为 0.7 时，基于折扣报酬的 Q 学习算法将收敛于次优策略，即选择到“printer”的策略，当折扣因子增大时，Q 学习趋向于最优策略，但收敛速度明显低于基于平均报酬的 R 学习算法。

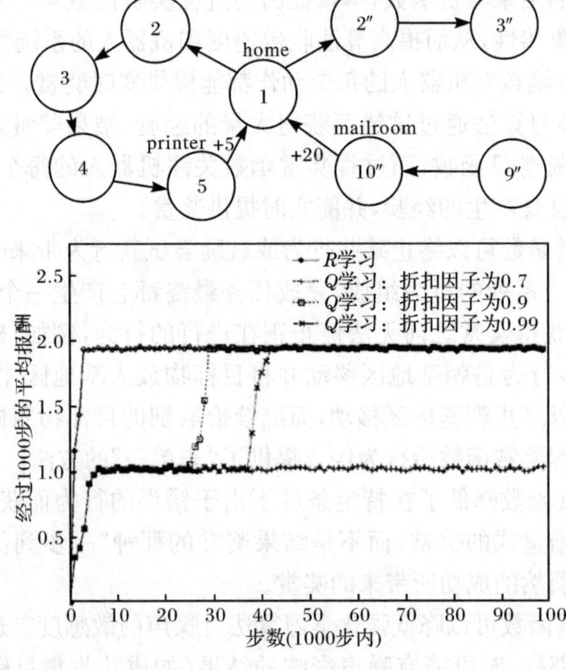

图 5.1　R 学习与 Q 学习的比较

5.4.2 最优策略

如果在某个策略下，在两个状态 x 和 y 之间，相互可达的概论为正，则称 x 和 y 两个状态是互通状态。如果从一个状态开始，最后又以概论 1 回到该状态，则称该状态为循环状态。非循环状态称为瞬变状态。如果一个循环状态 x 与另一个状态 y 是互通的，则状态 y 也是循环状态。一个循环状态集合是指集合内所有循环状态是互通的，而与集合外任何状态是不连通的。如果一个 MDP 系统在任何策略下，其转移矩阵只包含一个循环状态集合，则称为单链 MDP 系统。系统采取任何策略，都只有一个循环状态集合，即吸收目标状态，而其他状态为瞬变状态。

平均报酬 MDP 旨在计算使每一时间步的期望报酬最大的策略。设在状态 s 采取策略 π 的平均报酬为 $\rho^{\pi}(s)$：

$$\rho^{\pi}(s)=\lim_{n\to\infty}\frac{1}{n}\Big(\sum_{t=0}^{n-1}r_t^{\pi}(s)\Big) \tag{5.9}$$

其中，$r_t^{\pi}(s)$为在时间步 t 从状态 s 出发执行策略 π 的动作所获得的即时报酬。对于任意状态 s 和策略 π，若均有 $\rho^{\pi^*}(s)\geqslant\rho^{\pi}(s)$，则 π^* 为增益最优策略。对于单链的 MDP，任意策略的平均报酬与状态无关，即 $\rho^{\pi}(x)=\rho^{\pi}(y)=\rho^{\pi}(\forall x,y\in S,\forall\pi)$。

增益最优策略不一定是最优策略，因为平均报酬忽略了近期报酬和远期报酬的相对重要性，在平均报酬相同的多个增益最优策略中，要得到如使系统以最短时间或步数完成任务的最优策略，还要求解偏差最优策略，这样，采用平均校准报酬和(average adjusted sum of rewards)来表达策略 π 的值：

$$V^{\pi}(s)=\lim_{n\to\infty}E\Big\{\sum_{t=0}^{n-1}\big[r_t^{\pi}(s)-\rho^{\pi}\big]\Big\} \tag{5.10}$$

其中，ρ^{π}为策略 π 的平均报酬；$V^{\pi}(s)$为偏差值，也称为相对值。如果 π^* 为增益最优策略，且对任意状态 $s\in S$ 和策略 π，均有 $V^{\pi^*}(s)\geqslant V^{\pi}(s)$，则称 π^* 为偏差最优策略。

5.4.3 基于平均报酬模型的强化学习主要算法

相比基于折扣报酬模型的学习算法，对于基于平均报酬模型的强化学习算法研究尚少且不够成熟，目前主要有 R 学习、H 学习和 LC 学习等。

1. *R* 学习算法

Schwartz 提出了一种平均报酬模型强化学习算法——R 学习，它是一种无模型平均报酬强化学习算法[20]。与 Q 学习类似，R 学习也是使用动作值函数表达方式，动作值函数 $R^{\pi}(s,a)$表示在状态 s 下执行一次动作 a 的平均校准值：

$$R^{\pi}(s,a)=r(s,a)-\rho^{\pi}+\sum_{s'}P(s'\mid s,a)\cdot V^{\pi}(s') \tag{5.11}$$

其中，$V^{\pi}(s')=\max_{a\in A}R^{\pi}(s',a)$；$\rho^{\pi}$为策略$\pi$的平均报酬。$R$学习算法包括下列步骤：

(1) 置$t=0$，初始化所有$R_t(s,a)$为零，置当前状态为s。

(2) 依据某个概率选择$R_t(s,a)$最大的动作a，否则随机探查一个动作。

(3) 选择执行动作a，观察下一状态s'和即时报酬$r_{\text{imm}}(s,s')$，按下式更新R值和ρ值：

$$R_{t+1}(s,a)\leftarrow R_t(s,a)(1-\beta)+\beta[r_{\text{imm}}(s,s')-\rho_t+\max_{a\in A}R_t(s',a)]$$

$$\rho_{t+1}(s,a)\leftarrow\rho_t(1-\alpha)+\alpha[r_{\text{imm}}(s,s')+\max_{a\in A}R_t(s',a)-\max_{a\in A}R_t(s,a)]$$

(4) 置当前状态为s'，执行步骤(2)。

其中，$0\leqslant\beta\leqslant1$为学习率，控制动作值估计误差的更新速度。$0\leqslant\alpha\leqslant l$是$\rho$的更新学习率，并且只有选择贪婪动作时才更新$\rho$。

2. *H*学习算法

H学习算法是由Tadepalli等提出的基于模型的非折扣自适应实时动态规划方法[21]。对于单链MDP系统，对所有状态S存在实时值函数h和平均报酬ρ满足

$$h(s)=\max_{a\in A(s)}r(s,a)+\sum_{s'}P(s'\mid s,a)\cdot h(s')-\rho,\quad\forall s\in S \tag{5.12}$$

在任意状态s下使式(5.12)最大的解为最优策略μ^*，ρ为增益最优平均报酬。

假设$N(s,a)$表示在状态s下执行动作a的次数，$N(s,a,s')$表示转移到状态s'的次数。定义状态转移概率模型为

$$P(s'|s,a)=\frac{N(s,a,s')}{N(s,a)} \tag{5.13}$$

定义强化函数模型为

$$r(s,a)=r(s,a)+\frac{r_{\text{imm}}-r(s,a)}{N(s,a)} \tag{5.14}$$

其中，r_{imm}为状态s下执行动作a所获得的即时报酬。

H学习的算法步骤如下：

(1) 初始化：$\rho=0,a=l,h(s)=0,r(s,a)=0,N(s,a)=N(s,a,s')=0$，在当前状态$s$下执行动作$a$，状态转移到$s'$，获得即时报酬$r_{\text{imm}}$。

(2) $N(s,a)\leftarrow N(s,a)+1;N(s,a,s')\leftarrow N(s,a,s')+1$。

(3) $P(s'|s,a)\leftarrow N(s,a,s')/N(s,a)$。

(4) $r(s,a)\leftarrow r(s,a)+(r_{\text{imm}}-r(s,a))/N(s,a)$。

(5) GreedyActions(s) $\leftarrow$ 所有使 $r(s,a)+\sum_{s'}P(s'\mid s,a)h(s')$ 最大的动作 a。

(6) 若 $a\in$ GreedyActions(s)，则：

① $\rho\leftarrow(1-\alpha)\rho+\alpha(r(s,a)-h(s)+h(s'))$；

② $\alpha\leftarrow\alpha/(1+\alpha)$。

(7) $h(s)\leftarrow\max_{a}\{r(s,a)+\sum_{s'}P(s'\mid s,a)h(s')\}-\rho$。

(8) 若不满足终止条件，则 $s\leftarrow s'$，转步骤(2)。

H 学习保证了增益最优，缺点是它是基于模型的强化学习算法。在系统建立的模型不确切的时候，存在模型灾问题。Mahadevan 对这种基于模型的 H 学习算法进行了改进，在求解增益最优策略中再次求解偏差最优策略。这种改进的 H 学习算法是首次提出的偏差最优算法，但它仍是局限于基于模型的学习算法。

除以上两种平均报酬强化学习算法外，还有 Konda 和 Yamaguchi 提出 LC 学习[22]，LC 学习不采用任何逼近方法就能成功的计算出偏差最优策略，因此，它能消除计算最大平均报酬的有限误差。另外还有 Brafman 等提出的基于简单模型的 R-MAX 算法，它在零和随机对策中能收敛于近优平均报酬，它通过内在机制来解决强化学习中的探查(exploration)和利用(exploitation)问题[23]。

5.5　一种基于知识的强化函数设计方法

如前所述，强化学习算法是通过与动态环境的不断试错交互来获取状态到行为的映射的。强化学习的目标是通过强化函数的概念来定义的，它是 Agent 寻求最大化的未来奖赏的精确函数。Agent 在一个给定状态下执行动作后，从状态行为对中映射出强化信息。Agent 以标量的形式收到一些强化信息(奖赏)。

5.5.1　强化函数的基本设计思想

强化学习系统设计者的任务是定义一个强化函数，它恰当地定义了强化学习 Agent 的目标。虽然我们可以定义复杂的强化函数，但是至少有两类值得注意，它们通常用于构建强化函数并且合适地定义了期望的目标[24]。

1. 纯延迟奖赏和避免问题

在纯延迟奖惩中，强化函数只有在得到终止状态时不为 0。在终止状态的标量强化信息表示终止状态是否是一个目标状态(一个奖赏)或是一个应当避免的状态(一个惩罚)。例如，一个倒立摆系统(图 5.2)中就是一个纯延迟强化函数。小车支持一个摆杆在一个有限的轨道中，强化学习 Agent 的目标就是学习使摆杆处于平衡位置并且不触及轨道的两端。环境状态是倒立摆系统的动态状态，在每个状态 Agent 可以选择两个行为：小车左移、小车右移。当摆杆倒下或小车撞到轨道两端时，Agent 得到一个强化信息(−1)，其他情况 Agent 的强化信息为 0。由于 Agent 要最大化它的奖惩总和，所以它学习必要的动作序列来平衡摆杆并且避免得到−1 的惩罚。

图 5.2　倒立摆系统

2. 到达目标的最小时间

此类强化函数使得 Agent 执行行为产生最小路径和轨迹达到一个目标状态。例如，在处理“小车到山顶”的问题(图 5.3)时，小车被放置到两个陡坡之间，目标是驾驶小车爬到右边的山顶。环境状态是小车的位置和速度。Agent 可选择三个行为：向前冲、向后冲或静止。系统是动态的，以至于小车没有足够的冲力来达到山顶，Agent 必须通过学习来利用动量得到足够的速度成功地到达目标。只有在到达目标状态时，强化函数为 0，而在其他状态强化函数为−1。由于 Agent 期望最大化奖惩总和，故它必须选择行为在最短的时间内到达目标状态。

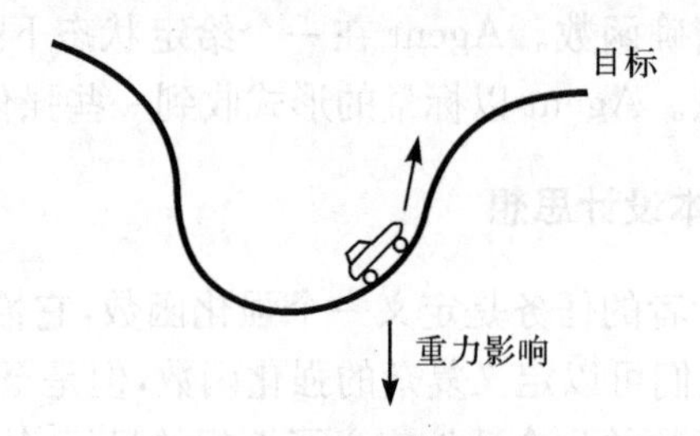

图 5.3　小车爬山顶问题

强化函数的设计是构建强化学习系统中最重要和最困难的方面，是关系到学习效果的关键因素[25]。在强化学习过程中，Agent 的动作不仅决定立即奖惩，也影响环境的下一个状态。Agent 必须既要考虑立即奖惩，又要考虑当前动作导致的未来 Agent 所带来的奖惩。许多强化学习系统使用两类强化信息：立即奖惩和延迟奖惩。强化学习中的立即奖惩信息是最有效的，如果是延迟奖惩信息，则需要引入子目标以便于在实际的时间限制下使任务能够学习。强化学习是一种反向传播算法，对于长期目标不是很有效，但是对于近期目标是非常有力的方法。通过引入中期目标以及任务分配，Agent 通过局部目标的奖惩信息来加快学习速度，提高学习效率[26]。

5.5.2　基于知识的强化函数

传统的强化学习算法中，Agent 与环境的交互被模型化一个 Markov 决策过程。其中，假设 Agent 和环境是同步的有限状态机。然而现实情况中环境的状态和 Agent 内部的状态的改变是非同步的，是对应于事件的。不同的事件需要不同的执行时间，相同的事件在不同的条件下也是变化的，并不是所有事件是由 Agent 自己造成的。因此，强化学习只对由 Agent 引起的和控制的事件给予奖惩信息。

强化学习并不是直接地利用知识信息，而是把它放在强化信息中。强化学习算法通过一个包含奖惩信息和复杂的强化函数来利用领域知识。我们将强化信息分为两类。

(1) 终极目标的奖惩信息，表示为 r_s：

$$r_s=\begin{cases}c, & \text{终极目标成功}\\ -c, & \text{终极目标失败}\\ 0, & \text{其他}\end{cases}$$

$$c>0$$

(2) 动作策略的奖惩信息，表示为 r_a：

$$r_a=\begin{cases}d, & \text{动作策略完成}\\ 0, & \text{动作策略失败}\end{cases}$$

$$d>0$$

Agent 在每个状态选择合适的动作执行到环境中，使环境转换为一个新的状态。一方面，Agent 根据要完成的任务进行判断，得到终极目标的奖惩信息；另一方面，Agent 根据动作效果的先验知识，获得执行动作策略的奖惩信息。

我们提出的基于知识的强化函数综合考虑这两类奖惩，按照合理的加权求和[27]表示 R：

$$\begin{aligned}&R=\omega_s r_s+\omega_a r_a\\ &\omega_s,\omega_a\geqslant 0,\quad \omega_s+\omega_a=1\end{aligned}\tag{5.15}$$

5.5.3　仿真实验

我们利用 SimuroSot 仿真比赛平台进行研究。根据实验环境的特点，定义环境状态集 S={有利，次有利，次威胁，威胁}，机器人的动作集 A={射门、进攻、防守、守门}。

实验中学习方采用 Q 学习算法，对手采用固定策略。比赛形式是一对一。Q

学习分别采用两种强化函数来进行比较。在传统强化学习系统中，强化函数通常为：当我方进球得分时为+1，当敌方攻入我方球门时为-1。我们设计的基于知识的强化函数包含两类信息：基于竞赛目标的强化信息和基于足球机器人动作策略的强化信息。算法的参数设定如下：折扣因子 $\beta=0.9$，学习率 α 的初始值为 1，α 的衰减为 0.9，Q 学习算法中 Q 表的初始值为 0。

实验在经过 1000 步以上的学习之后观察和分析不同学习算法的效果，图 5.4 和图 5.5 分别显示了基于传统强化函数的 Q 学习算法和基于知识强化函数的 Q 学习算法在每个状态下执行所有动作的 Q 值。可以看出，采用传统强化函数的 Q 学习收敛性比较差，到仿真的最后阶段，还有很多不稳定因素，而且机器人没有学习到确定的策略；而采用基于知识的强化函数的 Q 学习收敛速度相当快，在大约仿真过程的一半时间就基本收敛到稳定值上了，并且机器人可以学习到确定的和比较合理的策略。

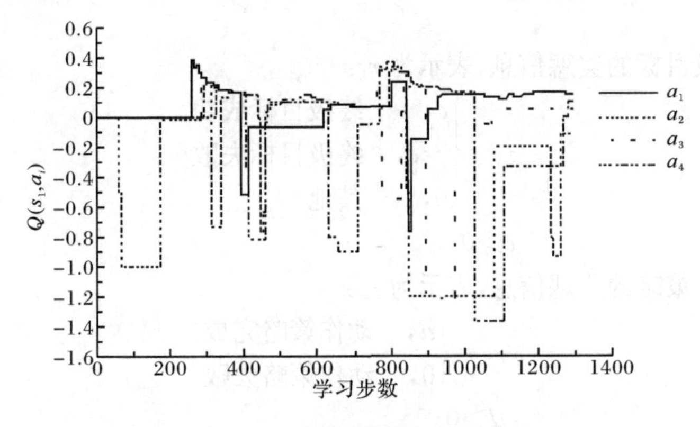

(a) $Q(s_1,a_i)$的学习曲线($i=1,2,3,4$)

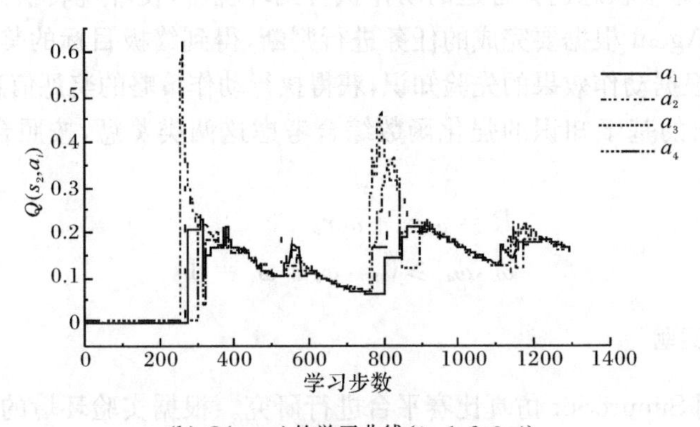

(b) $Q(s_2,a_i)$的学习曲线($i=1,2,3,4$)

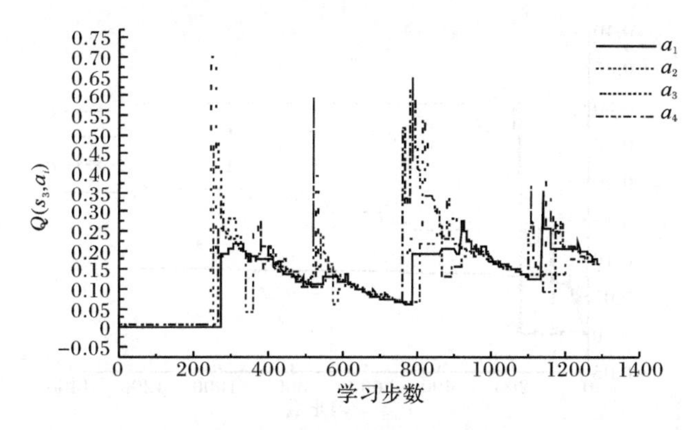

(c) $Q(s_3,a_i)$的学习曲线(i=1,2,3,4)

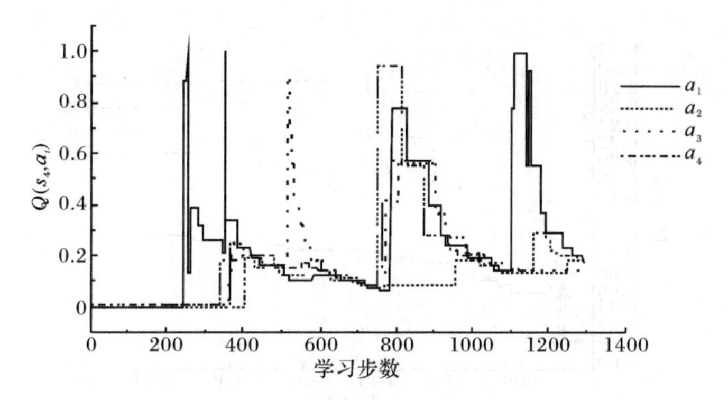

(d) $Q(s_4,a_i)$的学习曲线(i=1,2,3,4)

图 5.4　基于传统强化函数 Q 学习的 Q 值曲线

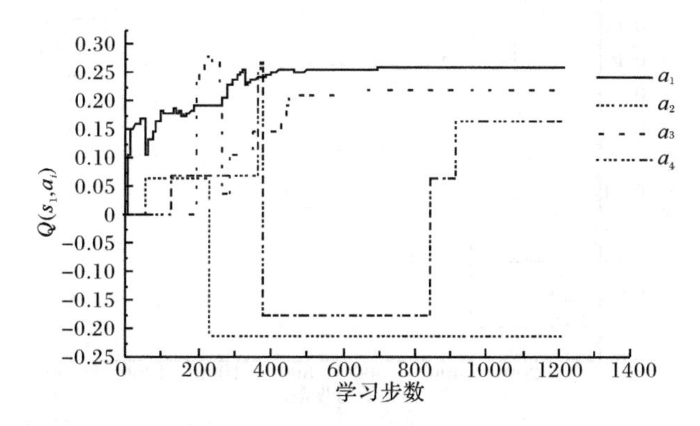

(a) $Q(s_1,a_i)$的学习曲线(i=1,2,3,4)

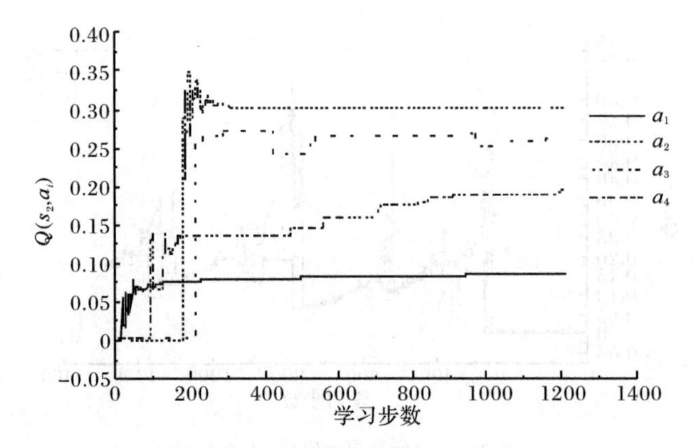

(b) $Q(s_2,a_i)$的学习曲线(i=1,2,3,4)

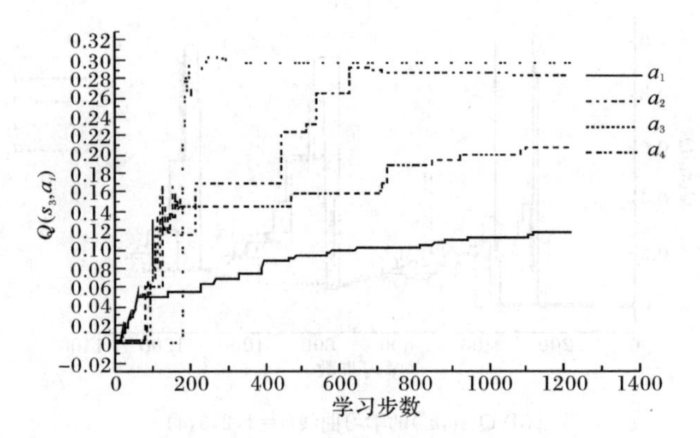

(c) $Q(s_3,a_i)$的学习曲线(i=1,2,3,4)

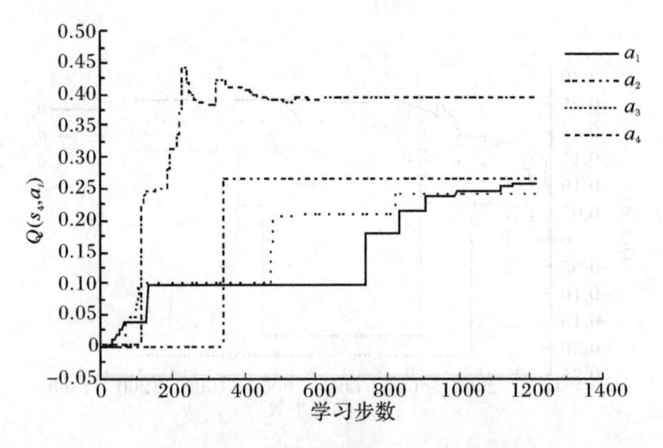

(d) $Q(s_4,a_i)$的学习曲线(i=1,2,3,4)

图 5.5　基于知识强化函数 Q 学习的 Q 值曲线

5.6 小 结

强化函数的设计是影响强化学习效果的关键因素之一。本章首先研究了强化学习在应用中的关键问题,分析了强化学习的奖惩函数,重点描述了基于平均报酬的强化学习算法。

针对强化学习在实际系统应用的特点,本章提出了一种基于知识的强化函数设计方法。在实际应用系统中对强化学习算法进行了改进,将经验信息和先验知识引入强化函数中,构建了综合终极目标的奖惩信息和 Agent 动作策略的奖惩信息的强化函数。在机器人足球赛中的应用和实验结果表明,基于知识的强化函数的学习效果明显优于传统的强化函数。

经过强化函数改进算法的实验与分析,我们发现:在多 Agent 学习中,通过对实际应用环境中有效信息的综合,设计出更为合理的强化函数,能够提高强化学习的应用效果。

参考文献

[1] Carlos H C. Embedding a priori knowledge in reinforcement learning. Journal of Intelligent and Robotics Systems, 1992, 21(1): 51-71.
[2] 陈卫东,席裕庚,顾东雷. 自主机器人的强化学习研究进展. 机器人, 2001, 23(4): 379-384.
[3] Mahadevan S, Connell J. Automatic programming of behavior-based robots using reinforcement learning. Artificial Intelligence, 1992, 55(2/3): 311-365.
[4] Berenji H R. Learning and tuning fuzzy logic controller through reinforcement. IEEE Transactions on Neural Network, 1992, 3(5): 724-740.
[5] Touzet C. Neural reinforcement learning for behavior synthesis robotics autonomous systems. Special Issue on Learning Robot, 1997, 22(34): 251-281.
[6] Fan J, Wu G F, Ma F, et al. Reinforcement learning and ART2 neural network based collision avoidance system of mobile robot. Lecture Notes in Computer Science, 2004, 3174: 35-41.
[7] Kondo T, Ito K. A study on designing robot controllers by using reinforcement learning with evolutionary state recruitment strategy. Lecture Notes in Computer Science, 2004, 3141: 244-257.
[8] Santamaria J C, Suron R S, Ram A. Experiments with reinforcement leaning in problems with continuous state and action spaces. Behavior, 1997, 6(2): 163-217.
[9] 孟伟,洪炳熔. 强化学习在机器人足球比赛中的应用. 计算机应用研究, 2002, 19(6): 79-81.
[10] 黄炳强. 强化学习方法及其应用研究. 上海:上海交通大学博士学位论文, 2007.
[11] Nelson H C, Yung C Y. An intelligent mobile vehicle navigator based on fuzzy logic and reinforcement learning. IEEE Transaction on System Man and Cybernetics, 1999, 29(2):

314-321.

[12] Likas A. Reinforcement learning using the stochastic fuzzy min-max neural network. Neural Processing Letters,2001,13(3):213-220.

[13] Barto G, Mahadevan S. Recent advances in hierarchical reinforcement learning. Discrete Event Dynamic Systems: Theory and Applications,2003,13(4):341-379.

[14] 仲宇. 多智能体系统中的分布式强化学习研究现状. 控制理论与应用,2003,20(3):317-322.

[15] Suron R S, Barto A G. Reinforcement Learning: An Introduction. Cambridge: MIT Press,1998.

[16] Mataric M J. Reinforcement learning in the multi-robot domain. Autonomous Robots,1997,4(1):73-83.

[17] Ghavamzadeh M, Mahadevan S, Makar K. Hierarchical multi-agent reinforcement learning Autonomous Agents and Multi-Agent Systems, 2006,13(2):197-229.

[18] 任燚. 基于强化学习算法的机器人系统觅食任务研究. 合肥:中国科学技术大学博士学位论文,2005.

[19] Mahadevan S. Average reward reinforcement learning: foundations, algorithms and empirical results. Machine Learning,1996,22(1/2/3):159-196.

[20] Schwartz A. A reinforcement learning method for maximizing undiscounted rewards. Proceedings of the Tenth International Conference on Machine Learning, Amherst: Morgan Kaufmann,1993:298-305.

[21] Tadepalli C, Ok D. Model-based average reward reinforcement learning. Artificial Intelligence,1998,100 (1/2):177-224.

[22] Konda T, Yamaguchi T. LC-learning: phased method for average reward reinforcement leaning: analysis of optimal criteria. Lecture Notes in Computer Science,2002,2417:198-207.

[23] Brafman I, Tennenholtz M. R-MAX: a general polynomial time algorithm for near-optimal reinforcement learning. Journal of Machine Learning Research,2002,3 (10):213-231.

[24] Gosavi A. Reinforcement learning: a tutorial survey and recent advances. Informs Journal on Computing,2008,21(2):178-192.

[25] Mataric M J. Reward functions for accelerated learning. Proceedings of the Eleventh International Conference on Machine Learning, San Francisco,1994:181-189.

[26] 罗青,李智军,吕恬生. 复杂环境中的多 Agent 强化学习. 上海交通大学学报,2002,36(3):302-305.

[27] 范波,潘泉,张洪才. 多智能体学习中基于知识的强化函数设计方法. 计算机工程与应用,2005,41(3):77-79.

第6章 基于分布式强化学习的多 Agent 协调方法

6.1 引 言

基于多 Agent 的群体决策与协调系统在实现复杂、动态的决策任务时,由于单个 Agent 的局限性,采用多 Agent 系统进行任务的合作决策具有更高的可靠性。传统的方法是,决策者 Agent 采用强化学习进行策略的自学习。目前,强化学习技术主要针对单个 Agent 的情形。而多 Agent 的强化学习技术比单个Agent 更加复杂。其表现为:多 Agent 系统中各 Agent 的目标之间可能存在冲突,单个 Agent 的最优策略不能保证多 Agent 整体的策略最优;另外,各 Agent 的动作之间可能存在相互耦合的关系,甚至存在着矛盾[1]。

多 Agent 强化学习(multi-Agent reinforcement learning,MARL)的理论研究和应用是强化学习研究中非常重要的方向之一。由于多 Agent 系统具有动态性、实时性、分布性、随机性等特点,因此,它要求每个 Agent 都必须具有自主学习能力,与环境进行交互、分析并学习外部环境,进而建立外部环境模型,使 Agent 能够模仿人类思维方式、学习个体技能、战术策略、协作方式等,提高多 Agent 系统的智能水平。而具有学习能力的 Agent 可自主获取知识、积累经验、更新扩充知识、改善知识性能,因此,机器学习就成为 Agent 提高智能性、协调性、适应性的基本途径。

通常,我们可以从两种角度对多 Agent 强化学习进行研究[2,3]:一方面,是从机器学习的角度进行讨论,将整个多 Agent 系统看做一个可以计算的学习 Agent 来处理,然后采用经典的强化学习方法来求解最优行为策略;另一方面,是从多 Agent系统的角度进行分析,将系统中的每个 Agent 分别处理,假设每个 Agent 都拥有独立的强化学习机制,单个 Agent 通过与其他 Agent 及外界环境的适当交互,加快自身的学习速度。

由于多 Agent 系统是由多个自治或半自治的 Agent 所组成的,每个 Agent 都要履行自己的职责,并与其他 Agent 通信协作共同完成问题的求解,因此,多 Agent强化学习的学习过程并不是单 Agent 强化学习(single-agent reinforcement learning,SARL)的简单叠加,而是直接依赖于多个 Agent 的存在和交互的。在多 Agent 系统中,外部环境是在多个 Agent 的联合动作下进行状态迁移的,对于单个 Agent 来讲,由于其只能确定自身的行为动作,因此体现出一种行为动作上的

“部分感知”，从而产生出另一种形式的非 Markov 环境。

在分析与研究多 Agent 分布式强化学习的基础上，本章提出了一种多 Agent 协调方法，协调 Agent 将系统的全局任务分配为若干子任务，并利用中央强化学习来协调各个子任务的派发。任务 Agent 接收各自的子任务，通过独立强化学习选择行为。

6.2 多 Agent 强化学习基本理论

多 Agent 强化学习最大的特点就是其学习环境是非 Markov 环境。目前多 Agent 强化学习已被广泛应用，如机器人足球[4]等。总的来看，基于 MAS 的强化学习可以分成两类：一种是 MAS 中的每个 Agent 拥有独立的学习机制，并且不与其他 Agent 交互的强化学习算法，称为 CIRL(concurrent isolated RL)，这种算法只能够应用在合作多 Agent 系统；另一种则是每个 Agent 拥有独立的学习机制的同时与其他 Agent 交互的强化学习算法，称为交互强化学习(interactive RL)。交互式强化学习是目前多 Agent 强化学习研究的主要领域，目前面临的主要问题是如何解决结构信用分配问题(structural credit assignment problem)，即获得的奖赏如何分配到 MAS 中的每个 Agent 的行为上。在交互式的强化学习基础上，又可以区分出三种形式：合作型多 Agent 强化学习、竞争型多 Agent 强化学习和半竞争型多 Agent 强化学习。下面分别分析各自的特点和目前研究的主要算法：

(1) 合作型多 Agent 强化学习。在此类 MAS 中由于个体 Agent 与系统的目标一致，因此通常 Markov 对策的联合奖赏函数对每个 Agent 来说是一致的、相等的。在合作型多 Agent 系统中，采用合作进化学习(cooperative coevolution learning)可以达到问题的最优解[5]。

(2) 竞争型多 Agent 强化学习。MAS 中每个 Agent 自身目标与其他 Agent 的目标是冲突的或完全相反的，并由此使得 Markov 对策的联合奖赏函数 R_i 对每个 Agent 来说也是互为冲突或相反的。目前这一领域研究最多的是两个 Agent 的情况，而较为成功的方法是建立在对策论与博弈论基础上的零和对策模型，最近的研究多集中在满足这一模型下的可以发现最优的策略的 Minmax-Q 算法[6]。

(3) 半竞争型多 Agent 强化学习。实际中的 MAS，Agent 目标并不总是冲突的，个体 Agent 所得奖赏不是其他 Agent 所得奖赏和的负值，无法满足零和对策模型，而需要采用加入意图和愿望条件的非零和模型。但是，由此带来的信用分配问题成为此类多 Agent 学习面临的主要难题[7]。

在目前的多 Agent 强化学习领域，与实际运用贴合最为紧密的是合作型多 Agent 强化学习，其研究成果已直接应用于实际的工业生产和科技军事等领域，所以本书之后的研究主要集中在合作型多 Agent 强化学习的改进与应用中。

6.2.1　基于局部合作的 Q 学习

强化学习技术中的 Q 学习在单个 Agent 系统中的应用取得了很好的学习效果，但对于多 Agent 系统，直接使用的效果却并不是很好。这是因为强化学习方法 Q 学习最初的应用主要是针对 Markov 决策过程(MDP)，也就是说与 Agent 进行交互的环境是静态的，而多 Agent 系统的学习并不是单 Agent 学习的简单增强，直接依赖于各 Agent 的存在和交互，是非 Markov 环境。常用的解决办法正如上面提到的：第一种是将整个多 Agent 系统看成一个大的个体 Agent，把系统的联合动作当成单个动作(对大 Agent 来说)从而使问题转化为 MDP，这种方法在理论上来说在充分的学习下是可以找到最优解的，可通过建立一个联系各Agent 动作的集中控制器或依靠对 Agent 共有知识和信息的推测建模来实现。例如，利用共有信息和 Agent 之间的通信或消息板，这样就可以使每个 Agent 了解其他 Agent 的决策与不可见的状态变化，从而实现 Agent 团队的协作[8]。但是在实际运用中随着联合状态与动作的导致的维数灾难(学习参数随状态动作空间的增大呈指数级增长)，对许多问题实际上是无法操作的，即使对于可以计算的例子其所需的时间和学习速度也往往是惊人的。本书中把这种方法称为 MDP 学习(MDP learners)。另一种方法是每个 Agent 都有独立的强化学习机制，要么不与其他 Agent交互并把它们也当成环境的一部分但会由此导致环境的不可测性从而使学习无法收敛(也有通过添加其他算法使其收敛的例子)[9]；要么与其他Agent进行交互，但是需要面临复杂的结构信用分配问题。本书中把这类方法称为独立学习(independent learners，IL)。

多 Agent 系统中强化学习的研究与应用很多时候多 Agent 统在学习的大部分状态下，Agent 之间并没有明确的协作或关联，例如，多 Agent 救灾系统，当多个 Agent 进入救灾现场后(如一栋大楼)，Agent 在不同的房间中工作，Agent 在工作时不需要考虑其他房间的 Agent 工作状态。本章提出的算法的核心思想就是：在能够合理的区分出 Agent 的联合状态后，只在这些状态，考虑多 Agent 的联合动作状态的学习方法；在非联合状态，对系统中每个 Agent 进行独立的强化学习，以提高收敛速度。本章的实验证明，这样的设计是可行的。

6.2.2　基于区域合作的 Q 学习

在很多问题中，Agent 之间只在部分特定的状态下才合作，而在其他的大部分运行状态下完全可以独立工作，并完成期望目标[10]。例如，两台扫雷机器人工作在不同雷区或同一雷区相隔很远的地方时，只需考虑自身的工作即可，只有在进入同一片雷区的相邻不远的区域时，为避免碰撞及通过合作成为提高工作效率的必须手段时，才考虑其联合动作。通常采用的算法主要思想就是只在 Agent 必须合作时才考虑其联合动作，具体方法就是在合作状态下采用 MDP 算法，而在其他状态下采用 IL 算法。在很多 MAS 的运行中，其合作状态在总的状态空间中所占的比例很小，通过区分合作状态与非合作状态，需要考察的联合状态与动作的规模大大缩小，使得运用强化学习技术提高 MAS 效能成为可能，同时也对学习的效能有所改进。如何能在区分状态类型的同时完成由状态动作对所产生的 Q 值表成为实现 Q 学习应用的关键。由此，当我们在算法中对不同的状态区别对待，也必须为两种不同的状态提供不同的 Q 值。我们系统中的每个 Agent 都有针对独立状态的 Q 值表 Q_i，还有一个联合动作下的共享 Q 值表。为了使机器学习的过程连贯起来实现 Q 学习，最关键的是如何在 Agent 从独立状态进入合作状态或从合作状态进入独立状态时更新 Q 值以及合理分配 Agent 应获得的奖励，下面我们给出以下四种情况的 Q 值更新方法。

1. 独立状态到独立状态

当 Agent 从独立状态 s 转到独立状态 s' 时，因为在此过程中 Agent 的决策并不依赖其他 Agent 的决策与状态，即不与其他 Agent 交互，所以我们可以使用单 Agent 的强化学习算法，而不需要同时考虑其他 Agent 的决策。所以学习时只依赖于 Agent_i 的独立动作的 Q 值表 Q_i，Q 值的更新可依据式(6.1)：

$$Q_i(s,a_i) \leftarrow (1-\alpha)Q_i(s,a_i) + \alpha[R_i(s,a_i) + \gamma \max_{a_i'} Q_i(s',a_i')] \tag{6.1}$$

Agent 获得只属于自己的奖赏 R_i，并以此来更新 Q 值，从而保证了不被其他 Agent 的决策与学习过程影响。此时可以看做一个独立的 Agent 在进行学习。

2. 合作状态到合作状态

当 Agent 从合作状态 s 转到合作状态 s' 时，我们把整个 MAS 看做一个大 Agent 进行学习，对于此时大 Agent 的动作则考查整个 MAS 的联合动作，Q 值更新的原则则是对联合 Q 值表进行更新，具体的更新公式如下：

$$Q(s,a) \leftarrow (1-\alpha)Q(s,a) + \alpha[R(s,a) + \gamma \max_{a'} Q_i(s',a')] \tag{6.2}$$

更新共享 Q 值表所依据的是全局奖励 R，在我们的实际操作时公式中的 $R(s,a)$ 来自于对联合动作 a 的所有分支奖励的求和：$\sum_i R_i(s,a_i)$。这在各个 Agent独立获取不同的个体奖励值时是可行的，因为此时所关心的只是整体情况。

3. 合作状态到独立状态

当 Agent 从合作状态 s 转到独立状态 s' 时，需要从每个 Agent 的独立 Q 值表中返回期望奖励并通过式(6.3)计算后更新共享 Q 值表来实现跨状态转换：

$$Q(s,a) \leftarrow (1-\alpha)Q(s,a) + \alpha[R(s,a) + \gamma \sum_i \max_{a_i'} Q_i(s',a_i')\theta] \tag{6.3}$$

在计算中我们通过权值 θ 来考虑所有独立 Q 值表中 s' 的取值对共享 Q 值表的作用。θ 的计算方法依据以某种 Agent 效能分析模型的基础之上，用以衡量每个 Agent 的贡献，在后面的章节中我们会给出基于矢量势能场模型的计算方法。

4. 独立状态到合作状态

当 Agent 的行动从独立状态 s 转到合作状态 s' 时，回馈的期望奖励值则是从共享 Q 值表到所有 Agent 独立的 Q 值表，其更新规则如下：

$$Q_i(s,a_i) \leftarrow (1-\alpha)Q_i(s,a_i) + \alpha[R_i(s,a_i) + \gamma \frac{e}{\sum_1^n e_i} \max_{a'} Q_i(s',a')] \tag{6.4}$$

其中，n 为 Agent 的数目。通常，当联合动作完成时，每个 Agent 对于动作奖励的贡献是不同的，同样我们通过 Agent 效能模型来构建每个 Agent 对奖励值的贡献程度，并通过式(6.4)中的附加参数来计算。

6.2.3 算法的收敛性

基于局部合作的 Q 学习算法，首先在其区分的两种不同状态中，如果假定划分合理，独立学习状态中 Agent 之间相关性趋向为 0，则两种状态的学习均符合 MDP 原则。对于学习收敛性，Watkins 给出了在 Markov 决策环境下，Q 学习算法的收敛性的完整证明，当式(6.5)中学习率参数 α 满足条件时，证明如下：

$$\sum_{n=1}^{\infty} \alpha(n) = \infty, \quad \sum_{n=1}^{\infty} \alpha^2(n) < \infty \tag{6.5}$$

当迭代步数 n 趋于无穷大时，假定划分后产生的所有状态-动作被无限次地采用，那么，对所有的状态-动作对 (s,a) 由 Q 学习算法产生的 Q 值序列 $\{Q_n(s,a)\}$ 以概率 1 收敛于最优值 $Q^*(s,a)$。局部 Q 学习算法收敛的最优值 $Q^*(s,a)$，它为式(6.6)定义的算子 G_M 的不动点：

$$\begin{gathered}(G_M Q)(s,a) = R(s,a) + \gamma \sum_{s'} P(s,a,s') \cdot V(s') \\ V(s') = \max_b Q(s',b)\end{gathered} \tag{6.6}$$

其中，$R(s,a)$ 和 $p(s,a,s')$ 分别为回报函数和环境状态转移概率。大多数学习算法其核心思想均是不动点的计算。根据收敛定理，局部 Q 学习中有一个附加要求，即所有可能的动作都应被测试，即要对所有符合环境要求的状态-动作对都应该被探测足够的次数以满足收敛定理。因此，在给定动作集的情况下，状态集的大小是影响 Q 学习收敛速度的最重要因素。所以，局部 Q 学习算法在大量减少状态动作对的同时就可以提高收敛速度，从而提高学习效率。

6.3 多 Agent 强化学习方法的特性

从 MAS 及其学习方法的研究历程来看,多 Agent 强化学习机制是建立在单个 Agent 强化学习算法和博弈论基础之上的。多 Agent 强化学习相对于单个 Agent 强化学习而言具有更大的挑战性,这是因为:如果把多个 Agent 看做单个 Agent 来对待,那么它的联合状态空间和动作空间将会呈指数级增长,“维数灾”问题会更加严重;如果把其他 Agent 看做外部环境的一部分,那么环境又具有非 Markov 特性和非静态特性,造成多 Agent 强化学习算法无法收敛。另外,由于在多 Agent 系统的学习过程中,每个 Agent 都需要探索外部环境信息和其他 Agent 的相关信息,这种过多的探索不仅破坏了其他 Agent 的学习动态性,也使得多 Agent强化学习算法的计算量急剧增长,极易陷入探索与利用的两难境地[11]。

Agent 之间的合作与协调是多 Agent 强化学习研究的重要内容之一,可以使用量子布朗运动理论、熵理论、辩论协商机制、博弈论等方法从多个方面对其进行探索。博弈论以其表达形式简洁、分析能力较强等特点,逐渐成为多 Agent 强化学习研究的主要分析框架。Agent 作为自治个体,其利益最大化的目标与博弈论中研究对象的理性具有一致性,因此,两者之间的交互符合博弈论的研究范畴。但是相对于经典矩阵博弈而言,多 Agent 环境下的行为选择则是一个更为复杂的决策过程,例如,下棋、打牌等对弈过程,其博弈的结果不是取决于 Agent 某一次选择的动作,而是依赖于其一系列的行为动作。

因此,Agent 的行为选择是一个序惯决策问题,这使得我们较难对当前的某个动作的奖赏函数作出准确估计。此时,经验成为 Agent 选择下一步动作的重要依据,对经验的学习是解决 Agent 序惯决策问题的有效方法。

我们分别从理论假设、模型框架、学习内容与算法设计等方面对单个 Agent 强化学习与多 Agent 强化学习进行比较分析。

6.3.1 多 Agent 强化学习理论及假设的不同

单 Agent 强化学习是指在只有一个 Agent 的学习环境中,Agent 通过“试错”与外界环境进行交互,以学到最优行为策略,实现动作的累积期望奖赏值最大化。多 Agent 强化学习是指在多 Agent 系统中,每个 Agent 通过自身的行为对环境产生作用和影响,Agent 之间存在着复杂的交互和利益关系,外部环境在多个 Agent 的联合动作下进行状态的迁移。在这种环境下,每个 Agent 从中学习最优行为策略,使其自身的期望奖赏值达到最大化。

单 Agent 强化学习的基本假设为:离散环境状态、有限动作空间、离散时间、随机状态转移、完全可观察状态、Agent 具有理性。由于只有一个 Agent 与环境进行交互，因此单Agent强化学习只处理Agent与环境的关系。与单Agent强化学习相比，多Agent强化学习的基本假设面对的是分布、动态、开放、复杂的问题，并且对每个Agent而言状态是部分可观察的。多Agent强化学习不仅需要考虑每个Agent对环境产生的作用，还要考虑Agent之间存在的利益关系，因此，每个Agent的累积期望奖赏值不能达到单独最大化。

6.3.2　多Agent强化学习模型及框架的差异

单Agent强化学习通常采用MDP作为环境模型，使用值迭代或者策略迭代方法求解问题。Agent独立进行学习，且在学习过程中外部环境是固定不变的。这种学习方式往往是集中式学习，不涉及过多的通信和交互。

多Agent强化学习通常采用随机博弈作为环境模型，每个Agent的状态转移模型、奖赏函数和值函数依赖于所有Agent的联合行动。多Agent强化学习从本质上来说是一个非固定的动态过程，它是一个群体在共同学习，每个Agent不仅需要自己学习，还要与其他Agent共享信息并获取它们的知识。在学习的过程中，Agent之间存在着通信与合作，每个Agent的行为选择不仅与当前状态有关，而且与其他Agent的状态和联合行为有关。因此，多Agent强化学习是分布、并行且容错的。

此外，在单Agent强化学习中，学习系统需要考虑时间信用分配问题（temporary credit assignment problem），即Agent在执行完一个动作后所获得的奖赏值如何分配到过去的每个行为动作上。而在多Agent强化学习中，学习系统则需要面对的主要问题是结构信用分配问题（structural credit assignment problem），即整个系统获得的奖赏值如何分配到每个Agent的行为动作上。

6.3.3　多Agent强化学习内容的区别

单Agent强化学习的学习目标是获得最佳行为策略，使得Agent的期望累积折扣奖赏值达到最大。它考虑的是提高单个Agent自身的问题求解能力，体现的是个体的智能性和适应性。

在多Agent系统中，由于Agent之间存在合作、协商或竞争等多种关系，所以Agent之间的奖赏值彼此相互关联，且不能单独最大化。按Agent之间关系的不同，多Agent强化学习可分为三种类型：合作型、竞争型和混合型。对于合作型MARL而言，它的学习目标是最大化联合奖赏值。但是对于另外两种多Agent强化学习，却很难给出一个具体的学习目标，通常，我们将学习过程的稳定性和对其他Agent行为的适应性作为它们的学习目标。总的来讲，多Agent强化学习更多考虑的是如何提高整体的自适应能力，体现的是群体智能性和社会性。

6.3.4 多 Agent 强化学习算法设计的迥异

对于单 Agent 强化学习而言，由于 Agent 对 MDP 环境模型是未知的，因此，学习系统是不知道状态转移概率函数 P 和奖赏函数 R 的，不能直接利用迭代算法求解出最优期望奖赏值和最优策略。根据学习过程的不同，单 Agent 强化学习可以分为基于模型的方法和无模型的方法。前一种方法必须从观察中学习状态转移概率函数 P 和奖赏函数 R，然后采用策略迭代的方法逼近最优奖赏值和最优行为策略；后一种方法则采用逼近的方法进行值函数的估计，再通过获得的瞬时奖惩值对行为策略进行评估，如此反复，直到二者收敛到最优奖赏值和最优策略。

多 Agent 强化学习算法不仅要借鉴单 Agent 强化学习的技术，还要考虑与多 Agent 系统的结合。总的来讲，多 Agent 强化学习算法主要来源于三个不同领域：TD 强化学习（特别是 Q 学习算法）、博弈论和直接策略搜索。主要的算法有 Distributed-Q 算法、Minmax-Q 算法、SARSA 算法、WoLF（winning or learning fast）-IGA（infinitesimal gradient ascent）算法、Nash-Q 算法等。

6.4 多 Agent 强化学习算法的分类与比较

多 Agent 系统的复杂环境使得传统的单 Agent 强化学习算法不能简单地应用到多 Agent 强化学习中，于是人们在上述理论框架的指导下，提出了很多 MARL 算法，如 Distributed-Q 算法、Minmax-Q 算法、Nash-Q 算法、FF-Q（friend and foe-Q）算法、虚执行算法、策略爬山算法等。若按照学习系统中 Agent 之间关联关系的不同，大致可以将多 Agent 强化学习算法分为绝对合作型 MARL 算法、绝对竞争型 MARL 算法和混合型 MARL 算法[12]。若根据每个 Agent 选择动作策略的不同，又可以将其分为合作 MARL 算法、基于平衡解的 MARL 算法和最佳响应 MARL 算法[13]。接下来将简单分析这些分类的各自特点和主要算法。

6.4.1 绝对合作型多 Agent 强化学习算法

绝对合作型多 Agent 强化学习算法所面对的问题空间往往是分布、同构或合作的环境，需要通过交换每个 Agent 所感知到的状态信息、学习到的经验片段、学习过程中的策略及参数或者其他 Agent 所提的建议，来提高学习算法的收敛速度。这种多 Agent 强化学习算法更多的是强调如何利用分布式强化学习来提高算法的学习速度。在合作型多 Agent 强化学习算法算法中，由于在任意离散状态下，随机博弈的联合奖赏函数对每个 Agent 来说都是一致且相等的，因此，每个 Agent 追求的最大化自身期望折扣奖赏和的目标与整个多 Agent 系统的目标是一致的。并发独立强化学习和交互强化学习都属于合作型 MARL，其主要的算法包括 Team-Q 算法、Distributed-Q 算法、JAL 算法、FM-Q 算法等。

6.4.2　绝对竞争型多 Agent 强化学习算法

绝对竞争型多 Agent 强化学习算法面对的问题空间常常是异构、竞争的环境。假设 Agent_A 的奖赏值取决于 Agent_B 的动作，并且在某一状态下 Agent_A 和 Agent_B 的对策模型满足零和对策，即在学习系统的任何策略下，A 和 B 从环境中获得的奖赏值总和为 0，那么，我们可以采用 Minmax-Q 算法来求解 A 和 B 各自的最优行为策略。具体做法是：在某个系统状态下，Agent_A 的最优行为策略是在 Agent_B 选择最坏动作情况下，Agent_A 选择累积奖赏回报值最大的那个动作。显然，如果能将随机博弈框架中每个状态下的所有 Agent 的奖赏值都形式化为零和对策模型，那么使用 Minmax-Q 算法就能够发现每个 Agent 的最优行为策略。然而在竞争型多 Agent 系统中，如果允许多个 Agent 同时进化，将会导致系统非常复杂。因此，竞争型多 Agent 系统往往需要对是否存在进化稳定策略或者 Agent 何时采用进化学习等问题作出说明和解释。其常用算法还有 Minmax-SARSA 算法、HAMM-Q 算法等。

6.4.3　混合型多 Agent 强化学习算法

混合型多 Agent 强化学习算法面对的问题空间往往是同构或异构、合作或竞争的环境。在实际的多 Agent 系统中，单个 Agent 的奖赏值往往并不是其他 Agent奖赏值累积和的负值，因此，在某个离散状态下，所有 Agent 奖赏值的对策模型只能满足非零和对策。在非零和 Markov 对策模型中，用 Minmax-Q 算法便得不到最优解，其原因在于非零和对策模型更能反映多 Agent 系统中个体理性(individual rationality)与集体理性(grouprationality)冲突的本质。有些学者又进一步将这类算法细分为[14]混合型静态博弈算法和混合型动态博弈算法。总的来讲，常用的混合型 MARL 算法包括 Nash-Q 算法、Asymmetric-Q 算法、WoLF 算法等。

6.4.4　平衡型多 Agent 强化学习算法

由以上分类可知，Minmax-Q 算法适用于只有两个 Agent 的零和对策模型，而 Nash-Q 算法适用于求解非零和 Markov 对策模型中的最优策略，有没有同时适用于两种对策模型的算法呢？Littman 等提出 FF-Q 算法回答了这一问题，随后 Greenwald 等引进相关均衡解的概念，综合了 Nash-Q 算法和 FF-Q 算法，设计出 CE-Q(correlated equilibria Q learning)算法[15]。在所有平衡型多 Agent 强化学习算法中，这些算法都必须满足两个性质：一是理性，二是收敛性。前者说明当其他 Agent 采用固定策略时，平衡型多 Agent 强化学习算法应能够收敛到“最优反应策略”;后者则强调当所有 Agent 都采用平衡型多 Agent 强化学习算法时,学习算法必然收敛到稳定的行为策略上,而不出现振荡现象。

6.4.5 最佳响应型多 Agent 强化学习算法

最佳响应型多 Agent 强化学习算法的基本思路是对其他 Agent 的策略进行建模,或者是对自身的策略进行优化。它不同于前几种算法,其主要研究:无论其他 Agent 采用何种策略,单个 Agent 自身如何获得最优行为策略。此种算法设计的两个准则是:收敛准则和不遗憾准则。收敛准则与前几种算法是一致的,它要求相关学习算法能够快速收敛到最优行为策略;不遗憾准则是指,当其他 Agent 的策略稳定时,采用最佳响应学习算法策略的 Agent 所获得的奖赏值要大于等于采用其他任意纯策略所获得的奖赏值。目前有三种主要的方法:PHC(policy hill climbing)算法根据自身的策略历史进行策略的更新,以最大化获得的奖赏值;第二种方法是根据对对手策略的观察,来优化自身策略;第三种方法通过梯度上升法来调整每个 Agent 的策略,以增大它的累积期望折扣奖赏值。最佳响应型多 Agent 强化学习算法有 IGA 算法及其变种 GIGA 算法、WoLF 算法等。

6.4.6 分析与比较

合作型多 Agent 强化学习算法在每个 Agent 进行动作选择前,需要与其他 Agent 进行交互,以产生更新后的值函数,Agent 的动作选择是基于新值函数的;平衡型多 Agent 强化学习算法在 Agent 进行动作选择时,不再仅仅依赖于自身的值函数,还必须同时考虑其他 Agent 的值函数,其选择的动作是在当前所有 Agent 值函数下的某种平衡解;最佳响应型多 Agent 强化学习算法在 Agent 进行动作选择时和平衡型多 Agent 强化学习算法相类似,其动作的选择不仅仅依赖于自身的值函数,还必须同时考虑 Agent 自身的历史策略和对其他 Agent 策略的估计。

在目前的多 Agent 强化学习研究中,上述这些类型的多 Agent 强化学习算法往往是独立发展的。在今后的研究中,不仅应该继续发展满足各自不同应用需求的算法(如加速收敛性、理性、不遗憾性等),还需要研究不同类型多 Agent 强化学习算法之间的关系,形成一种统一的框架。

6.5 MAS 中的分布式强化学习模型及结构

强化学习算法应用到 MAS 中,每个 Agent 独立地执行部分或全部的学习任务,最终完成全局的学习目标,就构成了分布式强化学习。目前,对 MAS 中的分布式强化学习的研究主要分为四类[16]:中央强化学习、独立强化学习、群体强化学习和社会强化学习。

6.5.1 中央强化学习结构

中央强化学习把 MAS 的协作机制作为学习目标，由一个全局性的中央学习单元负责学习任务，它以整个 MAS 的整体状态为输入，以对各个 Agent 的动作指派为输出。中央强化学习系统通过学习单元采用标准的强化学习方法进行学习，逐渐形成一个最优的协作机制。中央强化学习把分布式问题作为学习目标进行集中式学习，系统中的各个 Agent 并不是学习主体，它们只是被动地执行学习结果。中央强化学习结构如图 6.1 所示。

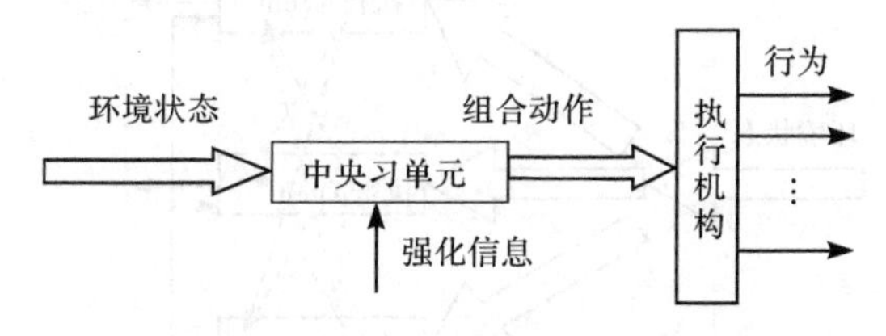

图 6.1 中央强化学习结构

6.5.2 独立强化学习结构

在独立强化学习中，每个 Agent 的学习过程都不依赖于其他 Agent。独立强化学习系统中的 Agent 都是独立的学习主体，对自己所感知到的环境状态选择一个获得回报最大的动作。独立强化学习的 Agent 只考虑自己的状态而不关心其他 Agent 的状态，选择动作时也只考虑自己的利益。独立强化学习系统中的 Agent 都是以自我为中心，因此独立强化学习 Agent 都是自私的，很难达到全局意义上的最优目标；然而，Agent 的独立性较强，容易动态增减 Agent 的个数，而且 Agent 个数的增长对学习收敛性的影响较小。独立强化学习结构如图 6.2 所示。

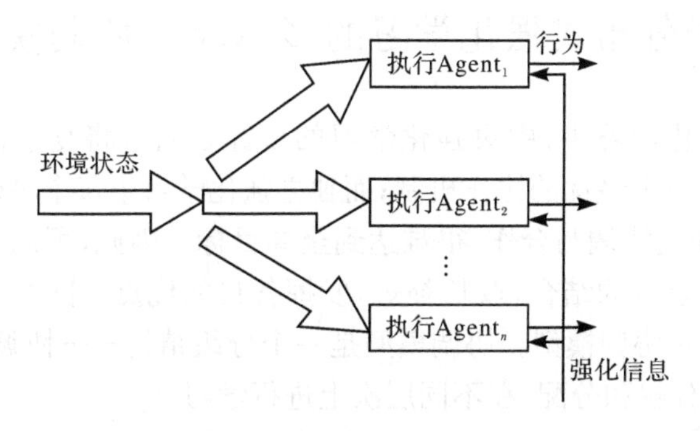

图 6.2 独立强化学习结构

6.5.3　群体强化学习结构

群体强化学习将所有 Agent 的状态或动作看做组合状态或组合动作，每个 Agent 的 Q 表都是组合状态和组合动作到 Q 值的映射。群体强化学习中的Agent 必须考虑其他 Agent 的状态，选择动作时也必须考虑全局利益，因此状态空间和动作空间都很庞大，学习速度慢，不适用于 Agent 个数较多的系统。群体强化学习结构如图 6.3 所示。

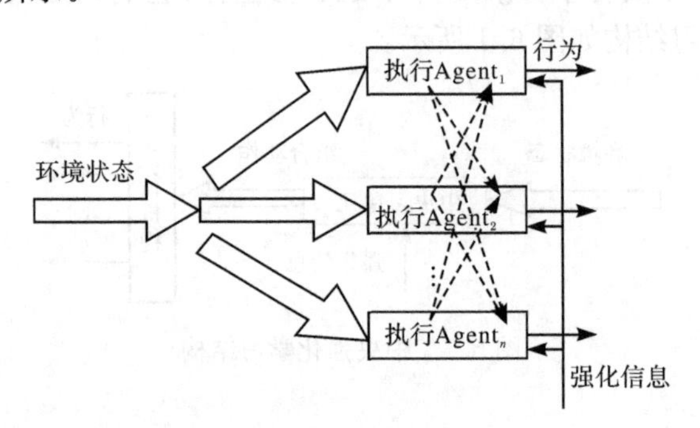

图 6.3　群体强化学习结构

6.5.4　社会强化学习结构

社会强化学习可以看做独立强化学习的推广，是独立强化学习于社会模型和经济模型的结合。社会强化学习模拟人类社会中个体之间的交互过程，建立社会模型或经济模型，用社会学和管理学的办法来调节 Agent 之间的关系，形成高效的交流、协作、竞争机制，从而获得比独立强化学习系统更大的灵活性，达到整个系统意义上的学习目标。

6.6　基于分布式强化学习的多 Agent 协调模型及算法

在分布式强化学习中，中央强化学习的目标是通过将复杂任务的分解和分配，使 MAS 形成一个最优的协作机制；而独立强化学习中每个 Agent 主要关注自己的学习任务，缺乏协调与合作，很难达到全局目标。因此，可以通过对中央强化学习与独立强化学习的结合，取长补短，发挥各自的优点。图 6.4 显示了我们提出的一种多 Agent 协调模型。协调模型是一个分级结构——协调级和行为级，将复杂的任务进行分解和分配，在不同层次上进行学习[17]。

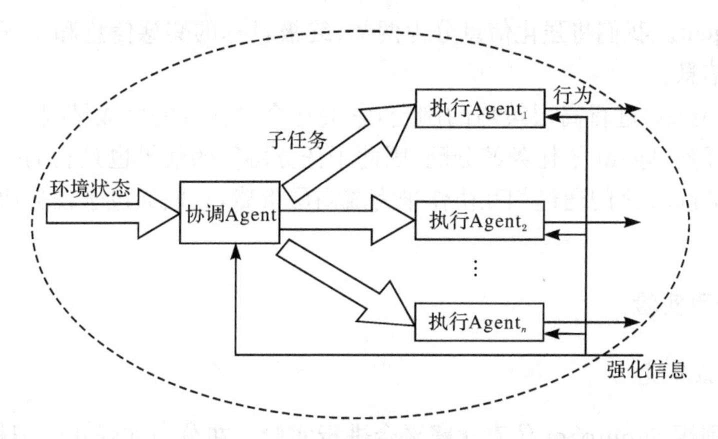

图 6.4　基于分布式强化学习的多 Agent 协调模型

6.6.1　协调级

协调级首先把系统的全局任务分解成若干个子任务。协调 Agent 有一个策略集 $P=\{p_1,p_2,\cdots,p_m\}$，其中每个策略 $p_i(1\leqslant i\leqslant m)$ 对应于一个子任务的分配方式。协调 Agent 根据环境状态，采用中央强化学习选择相应的策略来分配子任务给任务 Agent。协调 Agent 的 Q 函数更新规则为

$$Q_p(s,p)\leftarrow(1-\alpha_p)Q_p(s,p)+\alpha_p[r_p+\beta\max_{p'\in P}Q_p(s',p')] \tag{6.7}$$

其中，s 为当前的环境状态；p 为协调 Agent 在状态 s 下选择的策略；r_p 为协调 Agent得到的强化信号；s' 为新的环境状态；α_p 为协调 Agent 的学习率；β 为折扣因子。

6.6.2　行为级

行为级中的任务 $\text{Agent}_k(1\leqslant k\leqslant n)$ 都是同构的，拥有一个共同的行为集 A。每个任务 Agent 被分配一个子任务。不同的子任务对应着任务 Agent 不同的行为子集 $SA_k\subseteq A$。每个任务 Agent 分别通过独立强化学习，按照各自子任务来选择相应的行为 $a^k\in SA_k$，并执行到环境中。任务 Agent 的 Q 函数更新规则：

$$Q^k(s,a^k)\leftarrow(1-\alpha^k)Q^k(s,a^k)+\alpha^k[r^k+\beta\max_{a^k\in st_k}Q_p(s',a^k)] \tag{6.8}$$

其中，s 为当前的环境状态；a^k 为任务 Agent_k 在 s 下选择的行为；r^k 为任务 Agent_k 得到的强化信号；s' 为新的环境状态；α^k 为任务 Agent_k 的学习率；β 为折扣因子。

6.6.3　强化信息的分配

强化信息的分配是将环境反馈回来的强化信号按照某种方式分配给系统中

的所有 Agent。我们将强化信息分为两类：终极目标的奖惩信息和子任务协作策略的奖惩信息。

协调 Agent 进行高层策略的制定，它关注全局任务的完成情况。同时，它也负责各个任务 Agent 子任务的分配，因此子任务协作的效果也是它的一个重要信息。任务 Agent 之间通过相互协作来完成高层策略，它们通过子任务协作效果来进行学习。

6.6.4 仿真实验

1. 实验环境

我们利用 SimuroSot 仿真比赛平台进行实验。在分布式强化学习模型中，首先设计赛场环境状态 $S=\{$有利,次有利,次威胁,威胁$\}$。在协调级，协调 Agent 的策略集 $P=\{$强攻,进攻,防守反击,顽守$\}$。在行为级，任务 Agent 的动作集 $A=\{$射门,助攻,协防,守门$\}$。

实验中，终极目标的强化信息是双方的得失分情况，表示为 r_s：

$$r_s=\begin{cases} c, & \text{我方得分} \\ -c, & \text{对方得分} \\ 0, & \text{其他} \end{cases}$$

$$c>0$$

子任务协作策略的强化信息是指在我方执行每一步策略后所得到的强化信息，它融入了每个策略所包含的先验知识，对每个策略执行的效果进行奖惩，表示为 r_a：

$$r_a=\begin{cases} d, & \text{策略成功} \\ 0, & \text{策略失败} \end{cases}$$

$$d>0$$

协调 Agent 综合考虑这两类奖惩信息，按照合理的加权求和，得到强化信息 R_c：

$$R_c=\omega_s r_s+\omega_a r_a$$

$$\omega_s,\omega_a\geqslant 0,\quad \omega_s+\omega_a=1$$

任务 Agent 之间通过协调来完成高层的策略，它们的强化信息是策略的执行效果，表示为 R_m：

$$R_m=r_a$$

学习算法的参数设定如下：折扣因子 $\beta=0.9$，学习率 α 的初始值为 1，α 的衰减为 0.9，Q 表的初始值为 0。

2. 实验结果

仿真比赛采用 2：2 的形式。实验分为两组：①采用传统的强化学习；②采用本书提出的基于分布式强化学习的多 Agent 协调方法。对手采用随机策略。

图 6.5 显示了实验 1 的结果。其中图 6.5(a)和图 6.5(b)分别是 2 个 Robot 学习算法的 Q 值曲线。整个仿真过程中的 Q 学习收敛性差，Robot 无法从 Q 值中有效地得到确定的策略。

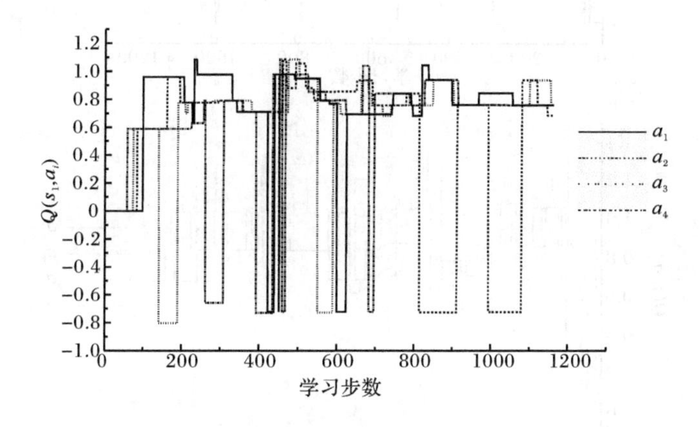

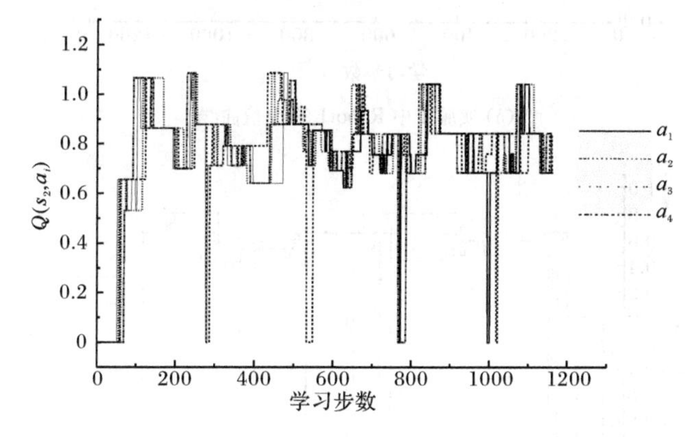

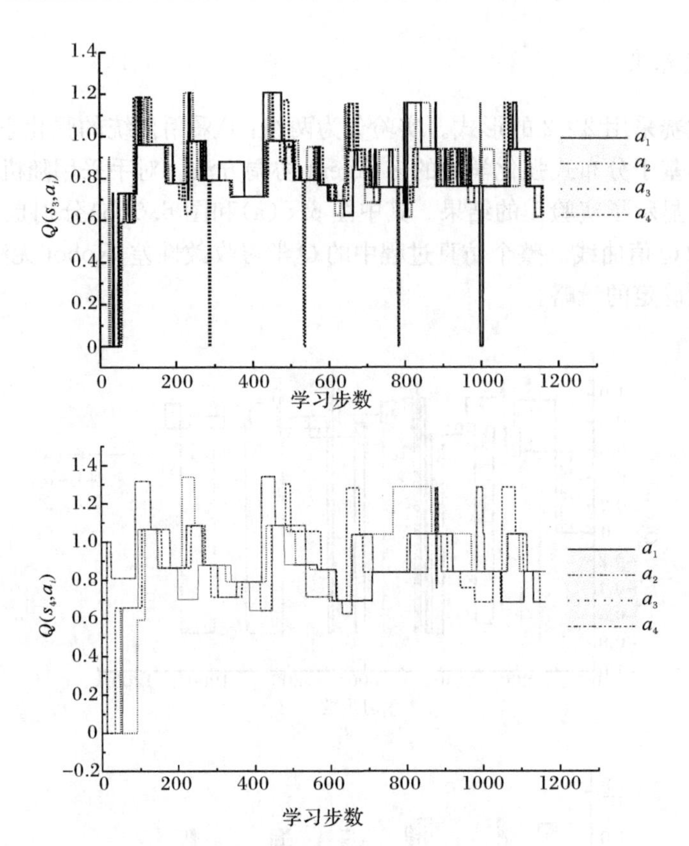

(a) 实验 1 中 Robot1 的 Q 值曲线

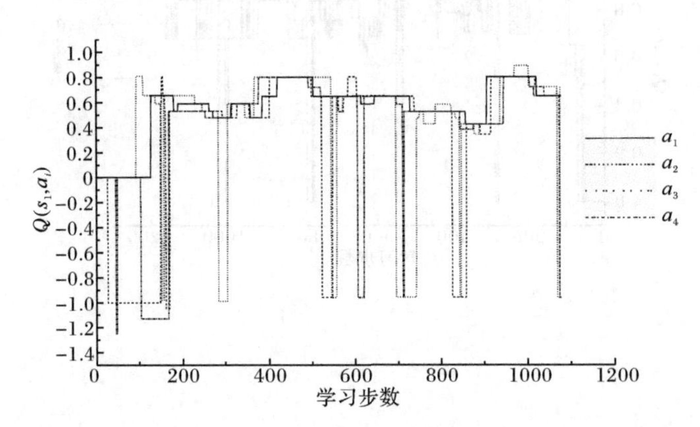

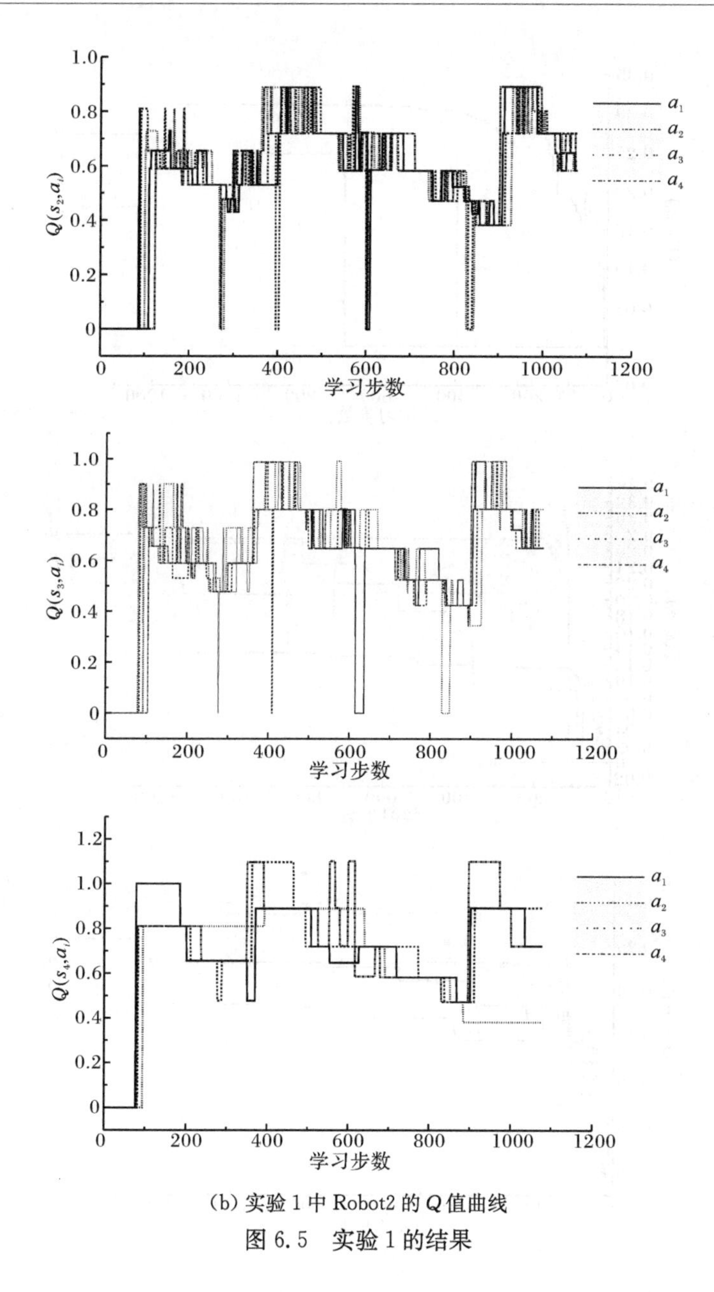

(b) 实验 1 中 Robot2 的 Q 值曲线

图 6.5　实验 1 的结果

图 6.6 显示了实验 2 的结果。图 6.6(a)是协调 Agent 的 Q 值曲线。Q 值能够比较快地进入收敛区域,并且可以从每个状态的最大 Q 值中得到比较合理的结果。图 6.6(b)和图 6.6(c)分别是 2 个 Robot(任务 Agent)的 Q 值曲线。Q 值的收敛效果比较好,Robot 可以得到确定的策略。

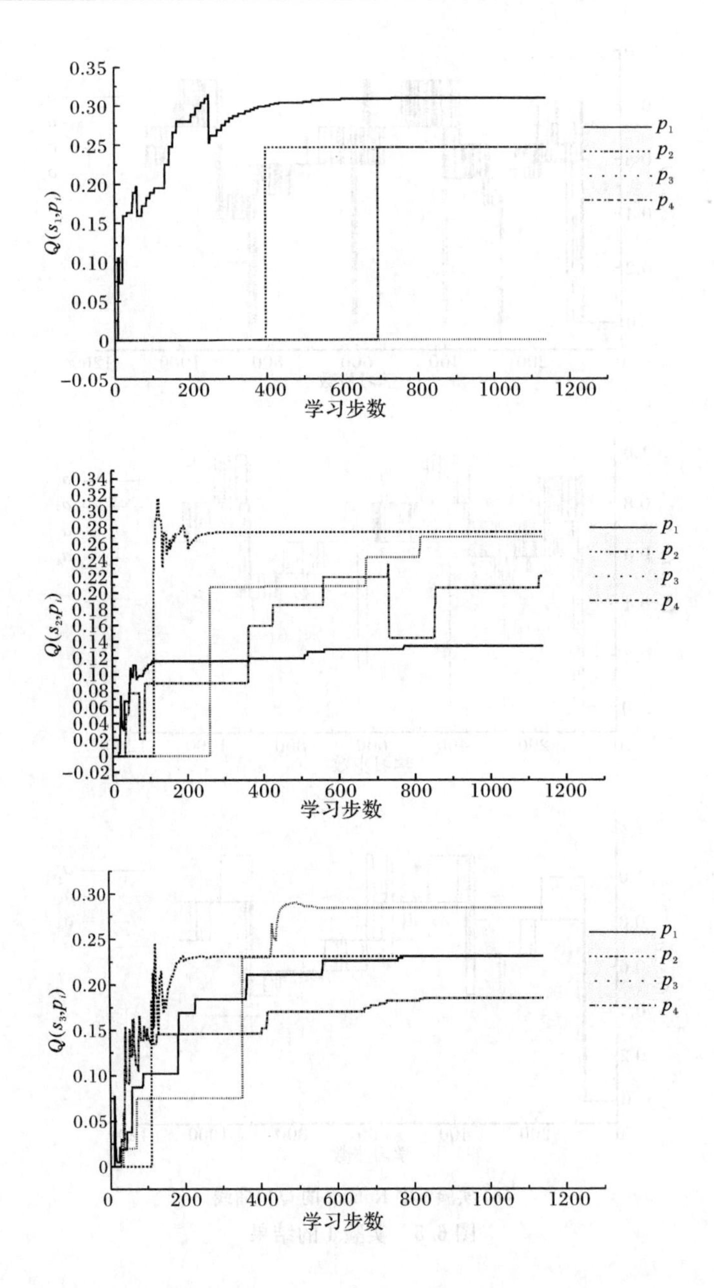
0.35
0.30
0.25
0.20
0.15
0.10
0.05
0
−0.05
$Q(s_1,p_i)$
0
200
400
600
800
1000
1200
学习步数
p_1
p_2
p_3
p_4
0.34
0.32
0.30
0.28
0.26
0.24
0.22
0.20
0.18
0.16
0.14
0.12
0.10
0.08
0.06
0.04
0.02
0
−0.02
$Q(s_2,p_i)$
0
200
400
600
800
1000
1200
学习步数
p_1
p_2
p_3
p_4
0.30
0.25
0.20
0.15
0.10
0.05
0
$Q(s_3,p_i)$
0
200
400
600
800
1000
1200
学习步数
p_1
p_2
p_3
p_4

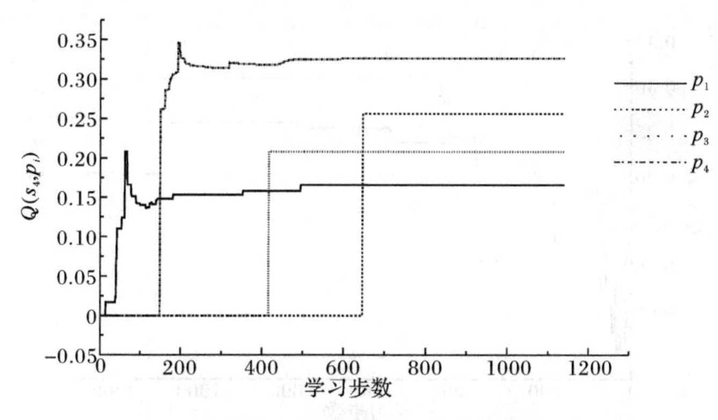

(a) 实验 2 中协调 Agent 的 Q 值曲线

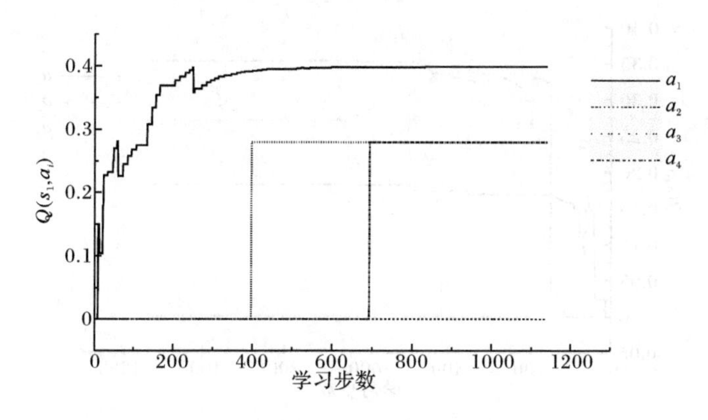

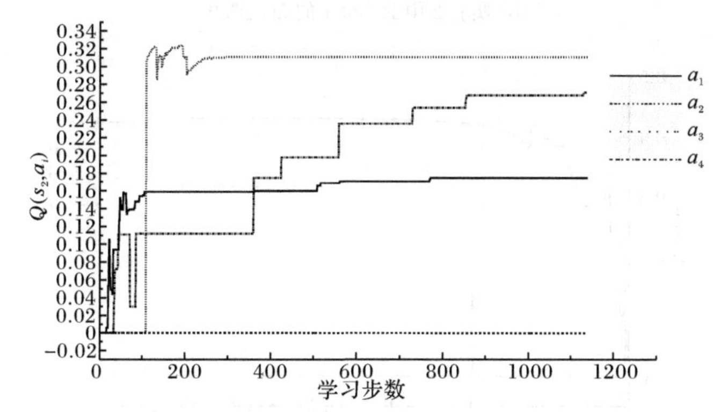

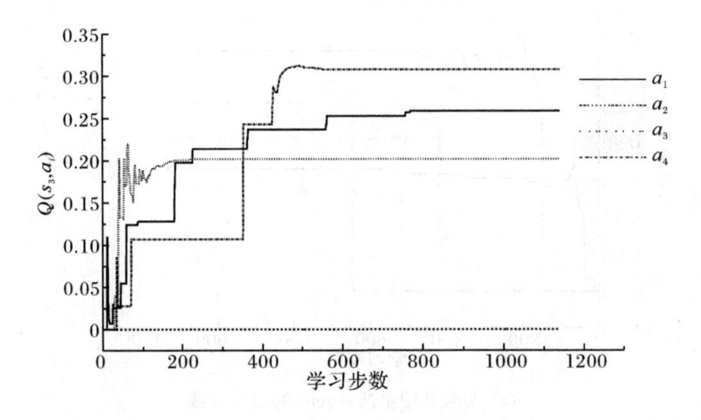

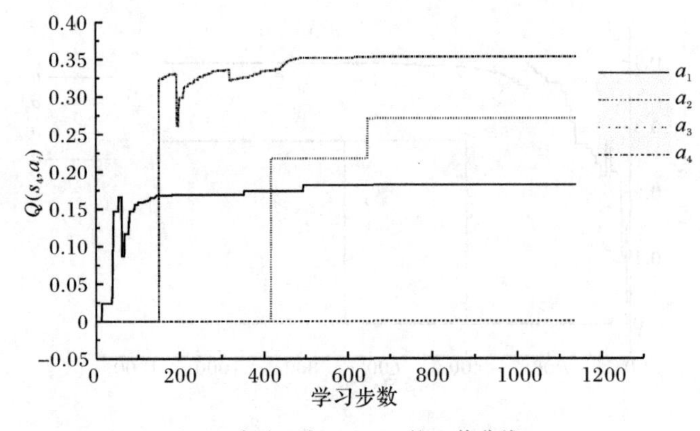

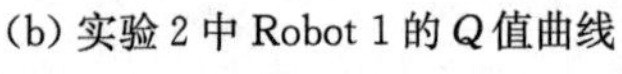
(b) 实验 2 中 Robot 1 的 Q 值曲线

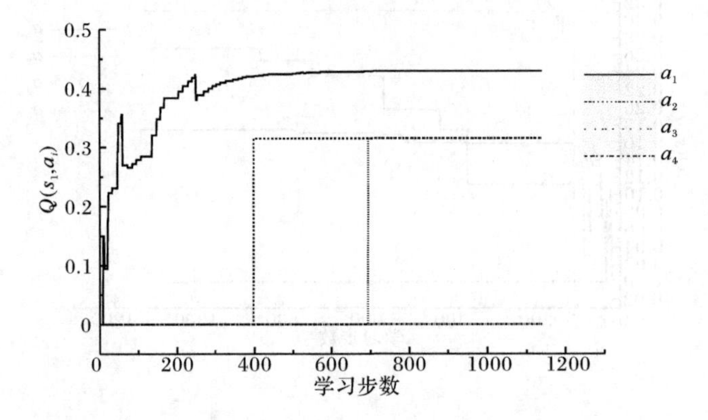

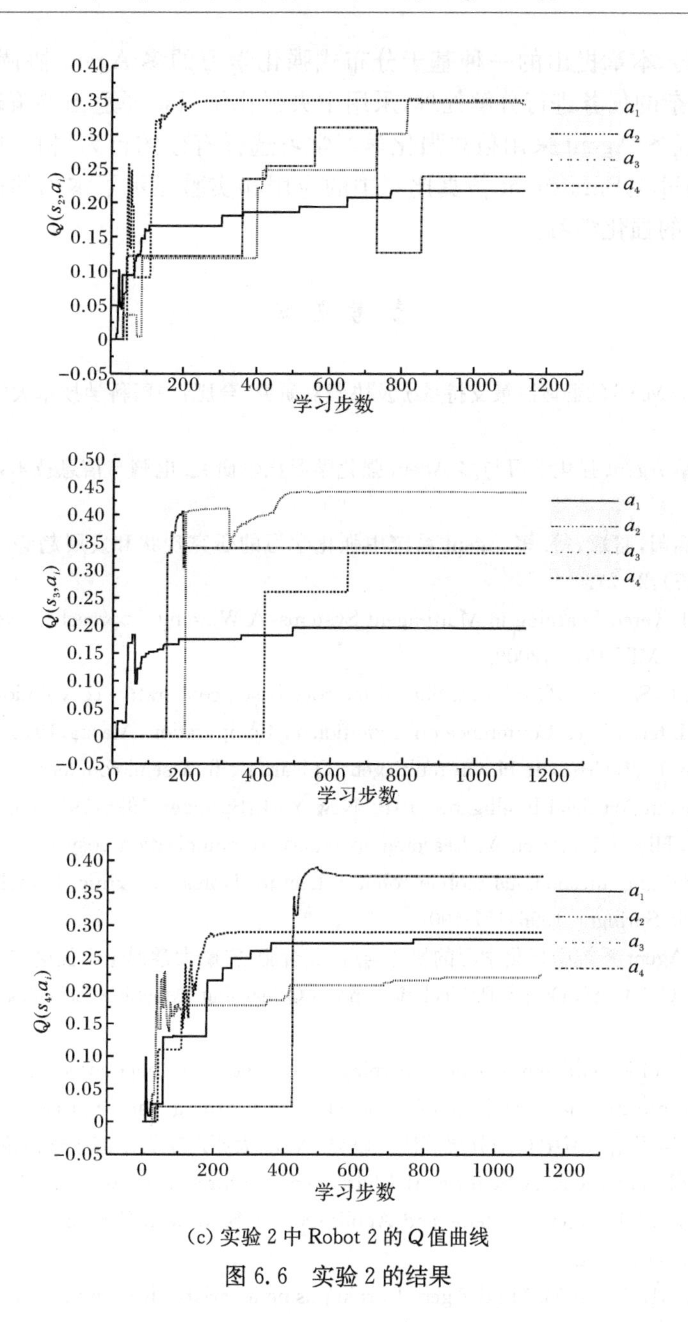

(c) 实验 2 中 Robot 2 的 Q 值曲线

图 6.6　实验 2 的结果

6.7 小　　结

多 Agent 协作学习既要具备 Agent 个体能力的学习，又要有 Agent 之间相互协调的学习。本章提出的一种基于分布式强化学习的多 Agent 协调方法，协调 Agent 将复杂的任务进行分解处理，采用中央强化学习选择适当的策略对子任务进行分配，任务 Agent 采用独立强化学习学习选择有效的行为，相互协作完成系统任务。通过在 SimuroSot 仿真比赛中的应用和实验显示了本书的协调方法效果优于传统的强化学习。

参考文献

[1] 陈卫. 基于 MAS 的群体决策支持系统及协调器研究. 合肥：中国科学技术大学博士学位论文，2002.

[2] 吴元斌. 单 Agent 强化学习与多 Agent 强化学习比较研究. 电脑与信息技术，2009，17(1)：8-11.

[3] 赵志宏，高阳，骆斌，等. 多 Agent 系统中强化学习的研究现状和发展趋势. 计算机科学，2004，31(3)：23-27.

[4] Stone P. Layered Learning in Multi-agent Systems：A Winning Approach to Robotic Soccer. Cambridge：MIT Press，2000.

[5] Narendra P，Sandip S，Gordin M. Shared memory based cooperative coevolution. Proceedings of IEEE International Conference on Evolutionary Computation，Alaska，1998：570-574.

[6] Sandholm T W，Crites R H. On multiagent Q-learning in a semi-competitive domain//Lecture Notes in Artificial Intelligence，1042. New York：Springer，1996：191-205.

[7] Ohko T，Hiraki K，Anzai Y. Learning to reduce communication cosy on task negotiation among multiple autonomous mobile robots//Lecture Notes in Artificial Intelligence，1042. New York：Springer，1996：177-190.

[8] 刘亮. 多 Agent 系统中强化学习的研究与应用. 合肥：安徽大学博士学位论文，2009.

[9] Watkins C J C H，Dayan P. Technical note：Q-learning. Machine Learning，1992，8(3)：279-292.

[10] Tan M. Multi-agent reinforcement learning：independent vs. cooperative agents. Proceedings of the Tenth International Conference on Machine Learning，San Francisco，1993：330-337.

[11] 胡坤. 分层强化学习中自动分层算法的研究. 太原：太原理工大学博士学位论文，2011.

[12] Busoniu L，Babusk R，de Schutter B. Multi-agent reinforcement learning：an overview. Innovations in Multi-Agent Systems and Applications-1 Studies in Computational Intelligence，2010，310：183-221.

[13] Bowling M，Veloso M. Multi-Agent learning using a variable learning rate. Artificial Intelligence，2002，136(2)：215-250.

[14] Tan M. Multi-Agent reinforcement learning：independent VS cooperative agents. Proceeding of 10th International Conference on Machine Learning，Amherst，1993：330-337.

[15] Watanabe T. Hierarchical reinforcement learning using a modular fuzzy model for multi-Agent problem. Proceedings of IEEE International Conference on Systems，Man and Cyber-

netics, Montreal, 2007: 1681-1686.

[16] 仲余，张汝波，顾国昌. 分布式强化学习的体系结构研究. 计算机工程与应用，2003，11：111-113.

[17] 范波，潘泉，张洪才. 一种基于分布式强化学习的多智能体协调方法. 计算机仿真，2005，22(6)：115-117.

第 7 章　基于 Markov 对策的多 Agent 协调

7.1　引　　言

Agent 之间的协调一直是多 Agent 系统研究的一个重要内容之一。利用物理学中量子布朗运动理论、熵理论，以及社会学中的辩论协商机制，经济学中拍卖机制、博弈论等方法，从多个方面进行了探索。其中，博弈论以其简洁、分析力强等特点成为社会理性实体行为决策的主要分析框架，在经济学研究中得到广泛应用。博弈论研究了多个具有不同支付函数理性参与人的行为方式。Agent 作为自治个体，利益最大化与博弈论中研究对象的理性具有一致性，它们之间交互符合博弈论的研究范畴。但是相比于经典矩阵博弈，多 Agent 环境下的行为选择是一个更为复杂的决策过程。

将多个 Agent 之间的一次交互作为一个随机博弈对策（stochastic game，也称为 Markov game）。Markov 对策框架下 Agent 在制定决策时不仅考虑了 Agent 与环境之间的交互，还考虑了与其他 Agent 之间的交互。该框架通过 MDP 兼顾了时间上的延迟回报性质，通过随机博弈对策兼顾了多个 Agent 之间的行为影响，为多 Agent 系统中多阶段多 Agent 的行为规划和协调问题提供了有效的理论框架。

冲突博弈是一种特殊的博弈形式，而一般和博弈是对各种形式博弈的总称。一般和博弈的协调研究具有更强的通用性，但由于具体的博弈形式未知，不能像冲突博弈一样利用博弈的特点，给出有针对性的解决方法。本章就一般和博弈，从混合多 Agent 环境的角度，提出了动态策略的概念及强化学习算法。Nash 均衡是 Markov 对策框架的核心概念，为 Agent 协调的一个标尺。基于 Nash 均衡概念产生了大批多 Agent 学习算法[1,2]。当所有 Agent 使用同一种学习算法时，Agent 的策略能达到均衡状态。然而这一条件是严格的，因为开放环境下要求所有 Agent 相同是不现实的；此外，该算法容易被其他 Agent 利用而有意偏离均衡获取更大收益。因此，在混合复杂的多 Agent 环境下，共存的 Agent 可能是采用随机策略、理性策略、适应性策略等各种类型，学习算法应该能够适应其他 Agent 的策略及其变化，从而及时调整策略，保持其收益最大化。

在多 Agent 环境中，多个 Agent 通过协调和合作来完成某项特定的任务，而且在执行任务的同时，还要有效地解决与对手 Agent 的竞争问题。本章提出了一种分层的多Agent对策框架及相应算法，在多Agent学习中同时考虑了对手智能群体之间的竞争对策和团队智能群体之间的合作对策。

7.2　多Agent交互的协调与博弈分析

和许多策略情形不同的是，协调博弈并不单纯停留于对局人之间的冲突；相反，在多数研究的协调博弈类型中，信心和预期是关键因素。尤其是在均衡中可以观察到，协调失败的可能性产生于自我加强的悲观预期，而由此可能会导致非经济、非效率[3]。

本节的主要目的是寻求避免协调失败的方法，通过对协调博弈的讨论，得出指导资源协调成功的理论基础。

7.2.1　多Agent协调与博弈的性质

考虑Schelling讨论的一个例子[4]，在该例中两个人必须独立决定自己的位置。同时为了强调协调的利得，假定只有当对局人选择一致时，他们才能得到正效用。所以，当且仅当对局人选择同一位置时，他们才能获得效用。很明显，相互作用的利得恰恰来自于协调而非冲突。根据这样的假定，如果对局人作出相似的选择是唯一的决定因素，那么就容易出现多个非合作均衡。还有一个并非无关紧要的问题是：既然假定对局人必须独立行动，他们应当选择哪个位置？

为了更进一步的讨论，假定：当对局人采取相同行动时，他们会获得更高的收益(payoff)；有两个位置，A和B；对局人同时位于B点要比位于不同位置的收益高，而如果他们同时位于A点，收益将更高。从而，在任何一点都有协调的利得，而在A点协调比在B点协调与更高的利得。

在这个博弈中存在着多个非合作均衡。一种情况是，两个对局人都到A，另一种情况是两个都到B。在这种情况下，多重均衡会进行Pareto排列(Pareto-ranked)。不过，协调失败也容易出现，即在均衡时所有对局人都位于B。可是，如果所有对局人能协调相互间的选择从而得到A，他们就能获得更高的收益。除此之外，两个都到B似乎也是一种合理的非合作结果，因为对局双方都对对方的预期行为采取了最好的反应。

由此可以看出，协调博弈具有下面的性质。

首先，协调博弈可能出现多个Pareto排列的均衡，这就引出群体有可能黏滞在非效率的均衡状态。尽管该群体的所有行为主体都明白结果是非效率的，但每个人的独立行动都无力协调其他行为主体的活动以达到Pareto最优均衡。所以，从这个角度来看，当博弈落入低水平的Nash均衡的陷阱时，就会产生总体活动的萧条。同时，所有的均衡和其他可能结果相比，都可能是Pareto次优的，就像我们所熟悉的“囚徒困境”博弈中的情形。在这个意义上，外部性（externality）没有被单个行为主体内部化。

“外部性”在西方经济学中，不同的经济学家有不同的解释，侧重点虽有所不同，但内涵却是一样的。它指的是在社会经济共同体中，行为个体在按照“成本-收益”原则作出决策时，直接或间接地会给根本没有参与这一决策的第三者或更多的人带来的利益或损失。它具有“经济”和“不经济”两种形态。“不经济”是指交易主体的任何一方在按照“成本-收益”原则作出决策时，给对方或第三方，甚或更多的人所带来的损失。“外部性”，特别是外部不经济产生的根本原因，在于资源的“相对稀缺性”和“有限理性”“经济人”的自利性这一对矛盾。

外部性内部化，是指通过制度建设和机构重组等内化的方法，把外部不经济的损失减少到最低程度的一系列方法和手段的总和。即通过制度建设和机构重组，使有可能在决策中受到影响的人，在组织作出任何有可能严重影响其利益的决策时，都能成为一个参与者去发挥自己的作用[5]。

其次，博弈的多重均衡具有策略相互作用的基本性质，这对建立在重复进行的协调博弈基础上的经济体行为，具有一定含义。尤其是在协调博弈中，对局人的行为具有策略互补性，暗示着其他行为主体活动水平的提高，对其他行为主体提高活动水平产生了激励。这些相互作用既可能在一次博弈时期内也可能跨越多次博弈时期存在。同时，它们造成了行为主体活动水平和延时持续的正相关。

7.2.2 多 Agent 协调失败的处理

Cooper 等[6]和 Huyck 等[7]给出的证据提供了一些协调失败的例子，还对博弈变化有可能阻碍结果的条件提供了深入的见解。其中有两种变化尤其重要：博弈前的沟通和外部选项。这些变化为解决协调失败的问题提供了有效的指导。

1. 博弈前的沟通

假定在协调博弈之前，行对局人向列对局人传递了信息。假定不允许其他任何形式的沟通，在这个沟通阶段把信息限定为行决策空间的一个元素。此外，假定这一信息并不约束行对局人在下一博弈阶段的选择。这类博弈通常被称为廉价磋商（cheap talk）博弈，因为信息传递无成本并且没有约束力。

若是一个两阶段博弈，那么会出现一些重要问题。行对局人应该传递什么信息？列对局人对行对局人的信息应如何作出反应？肯定会存在这样一些均衡：其选择的行动与一阶段协调博弈中的行动选择相对应，从而使对局人发出的声明对博弈没有影响。不过重要的是，有可能出现廉价磋商产生影响的均衡。

Farrell 等[8]论证了存在上面说的这种合理的均衡，该均衡如果满足以下条件，对局人的声明将被对方认可：

(1) 遵守承诺对传递消息者事实上是最优行动;

(2) 传递消息者预期接受者会相信该信息。

以这种方式,单向廉价磋商使得行对局人能够选择自己的 Nash 均衡。因为行对局人有效地选择了将在该博弈第二阶段达成的均衡。这样所有的协调问题就解决了。

如果允许双向沟通,情况稍微复杂一些。根据 Farrell 的论证,假定:

(1) 如果对局双方的声明构成对第二阶段博弈的一个纯策略 Nash 均衡,那么每个对局人将采取他所声明的策略;

(2) 如果对局双方的声明不构成对第二阶段博弈的一个纯策略 Nash 均衡,每个对局人的行为就如同未进行沟通一样,并采取风险占优的安全策略。

根据这些假定,博弈前的双向沟通至少在理论上将解决上面例子中的协调问题。Cooper 等[6]发现,如果对局双方都发出声明,那么博弈前的沟通对于克服协调中的问题是十分有效的。他们的实验表明,在这种双向沟通下,90%的结果实现了 Pareto 最优均衡。对于单向沟通,廉价磋商的效果则不那么明显,只有 53%的结果实现了 Pareto 最优均衡,远小于双向沟通的结果。在单向沟通中,87%的情况下行对局人声明了 Pareto 最优均衡的策略,但他们并不总是采纳这一建议,而列对局人也并不采取相应的策略。

对这些结果的解释是:风险占优势协调问题的来源。也就是说,考虑到在协调博弈中采取 Pareto 最优均衡的策略的风险性,对局人需要能够表明另一对局人也将采取相应的策略的充分证据。因此,信心是解决协调问题的关键。

2. 外部选项

协调博弈产生变化的第二个比较重要的影响因素是外部选项:允许一个对局人选择一个肯定的结果,而不进行协调博弈。

假定外部选项足够高,以至于超过了协调博弈中的某个策略的收益。在这种情况下,如果行对局人选择进行博弈,那么列对局人就应该相信行对局人不会选择劣于外部选项的策略。因此,如果前面例子中的出现一个外部选项超过了收益,那么根据向前递推的逻辑,如果行对局人选择博弈,就应该拒绝外部选项,而行、列对局双方在协调博弈中都应该选择策略。但是很多情况下,同样是由于风险占优的影响,会出现接受外部选项的情况。

考虑上述的影响,Huyck 等[7]在进行协调博弈之前,引入了一个拍卖,对进行协调博弈的权利进行投标。根据向前递推的逻辑,同拍卖相联系的均衡价值应该也会影响随后的协调博弈。打算选择"低水平努力"的对局人应该不愿意为进行博弈付出太高的价格。换句话说,高昂的进入费用意味着对局人不会选择使他们比不付费参加博弈的情况更糟的策略。

Huyck 等的报告指出,拍卖的价格和协调博弈中采取的行动并不是独立的。最为显著的是,博弈收敛于收益最优的 Nash 均衡,博弈中的一个席位的价格拍卖到了相当于协调博弈该均衡的收益。在这个意义上,拍卖起到了协调活动的作用。

7.3 多 Agent 冲突博弈强化学习模型

在本节中,一种特殊的冲突博弈将被深入讨论,其类似于协调博弈,存在两个纯策略 Nash 均衡,但不同 Agent 对各个均衡的排序是相反的。对于这种冲突,即使允许 Agent 可以通信,也难以避免。这类冲突在非合作 Agent 争夺有限的资源时比较常见。本节分析了此类博弈的最优策略,并建立了相应的强化学习模型[9]。

7.3.1 多 Agent 冲突博弈

在一个多 Agent 环境下,Agent 大致可分为两类:合作 Agent 与非合作 Agent。合作 Agent 彼此共享同一个目标,具有相同的支付函数,或者对支付的偏序结构一致。它们之间的冲突主要是对均衡的选择不一致(如上述的协调博弈)。它们需要在两个纯策略均衡(a_0,b_0)、(a_1,b_1)之间选择其一。这类冲突的本质是由于 Agent 无法知道其他 Agent 的信念和喜好,不知道其他 Agent 可能会采取什么行动,因而难以选择自己的最优动作。如果所有 Agent 都具有完美信息,则这类冲突可以在一定程度上避免。而对于非合作 Agent,它们具有不同的口标,各自都希望自己的利益最大化,希望最快地实现自己的目标。在多 Agent 系统中,常常会发生多 Agent 为了达成自己的目标而竞争同一种有限资源的情况,这时Agent之间就会发生严重冲突。对于这类冲突,即使 Agent 能够交互,事先了解到对方的意图和喜好,但仍无法避免这类冲突的发生。我们以两个 Agent 为例,它们驾驶汽车沿同一车道相向行驶。相遇时,如果双方继续沿各自的方向,将会发生碰撞,给双方造成严重损失;而一方避让,则会延后其到达目的地的时间,使得收益减小。该问题的博弈模型如图 7.1 所示。

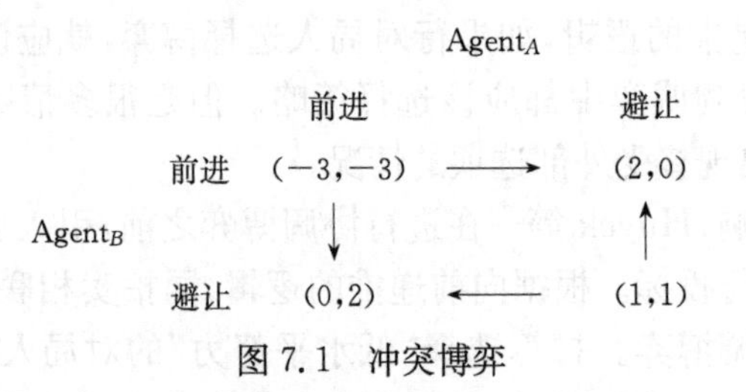

图 7.1 冲突博弈

冲突博弈有两个纯策略 Nash 均衡(前进,避让)和(避让,前进),但是它们存在非对称的缺陷，两个 Agent 对均衡的排序是相反的。Agent_A 偏好于均衡(前进，避让)，而 Agent_B 偏好于(避让，前进)，任何一个纯策略均衡都不是最佳预测。在没有通信的情况下，两个 Agent 该如何独立地进行决策，确定的行为策略显然不能在非合作 Agent 之间达成共识。此时 Agent 最佳的行为选择方式是依概率选择。

该方式下的 Nash 均衡即为混合策略 Nash 均衡。混合策略下行为的不可预见性有时对 Agent 也是大有好处的。在机器人足球比赛中，带球的 Agent 必须决定直接向前冲还是传球。一般而言，传球可以向前推进得更快，但是选择出乎对手意料之外的行动才是最重要的。因此，Agent 最佳的策略可能看似随机的，却是理性考虑的结果。

7.3.2　最优策略

在冲突博弈的混合策略均衡中，Agent_A 与 Agent_B 在坚持与避让之间必须是无差异的，否则其中一方有偏离该策略的倾向。根据这一特点，Agent 的两个行为期望报酬相等，这时对应的策略满足 Nash 均衡。不妨设 Agent_A 前进的概率为 θ，而 Agent_B 选择前进的概率为 λ，则有以下方程：

$$\begin{cases} E_A(\text{避让}) = \lambda \cdot 0 + (1-\lambda) \cdot 1 = \lambda \cdot (-3) + (1-\lambda) \cdot 2 = E_A(\text{前进}) \\ E_B(\text{避让}) = \theta \cdot 0 + (1-\theta) \cdot 1 = \theta \cdot (-3) + (1-\theta) \cdot 2 = E_B(\text{前进}) \end{cases} \tag{7.1}$$

由于图 7.1 所示的冲突博弈恰好具有对称性，因此两 Agent 的混合策略均衡相同且为(0.25，0.75)。这时最糟糕情况 Agent 相碰撞发生的概率为 $\theta\lambda = 0.0625$。

对于均衡混合策略，按照上述支付均等化方法在计算各自策略时需要知道对方的报酬函数，而由于通信开销过大等原因，知道所有 Agent 的报酬函数是不现实的。而面临这种无法调和的冲突时，一个理性的 Agent 往往希望此刻的行为在将来看来是最不后悔的选择，后悔值越小越好，但由于其他 Agent 行为不确定，一种保守的做法即最坏情况下期望后悔值最小。若 Agent_B 选择了动作 b_j，则 Agent_A 选择行为 a_i 的后悔值 $\text{reg}^{b_j}(a_i)$ 为 b_j 下 Agent_A 的最大报酬函数与当前行为 a_i 报酬的差。在已知 Agent_B 的策略时，我们称 Agent_A 的最优策略为最佳响应策略，定义如下。

定义 7.1　最佳响应策略(optimal response policy)：若 Agent_B 的策略为 π_B，Agent_A 的报酬函数为 $\text{rew}^{b_j}(a_i)$，则 Agent_A 的最佳响应策略为

$$\pi_A^* = \arg\min_{\pi_A \in \Pr(A)} \max_{b_j \in B} \left[\pi_B(b_j) \cdot \sum_{a_i \in A} \pi_A(a_i) \cdot \text{reg}^{b_j}(a_i) \right] \tag{7.2}$$

其中，后悔值函数计算如下：

$$\text{reg}^{b_j}(a_i) = \max_{a_i \in A} \text{rew}^{b_j}(a_i) - \text{rew}^{b_j}(a_i) \tag{7.3}$$

在已知 Agent_B 的策略 π_B 时，可以通过以上定义得到 Agent_A 的最佳响应策略 π_A^*。以图 7.1 的两个 Agent 冲突博弈为例，Agent_A 的后悔值矩阵如图 7.2 所示，假设 Agent_A 与 Agent_B 之间无法通信，且 Agent_A 没有任何关于 Agent_B 的信息，这时 Agent_A 看来 Agent_B 的两个行为应该是等概率的，即 Agent_A 预测 Agent_B 的策略为(π_B(前进)，π_B(避让))=(0.5，0.5)，则 Agent_A 在最坏情况下的后悔值为 min(1.5π_A(前进)，0.5π_A(避让))。当 1.5π_A(前进)=0.5π_A(避让)=0.5($l-\pi_A$(前进))时，使得最坏情况下期望后悔值最小，所以 Agent_A 的策略(π_A(前进)，π_A(避让))=(0.25，0.75)，该策略也正是均衡混合策略。因此，两个独立封闭的 Agent 基于以上最佳响应策略的定义独自决策时能得到均衡混合策略。而若 Agent_A 拥有关于 B 的部分知识，此时最佳响应策略在 Agent_A 对 Agent_B 的预测策略下使得 Agent_A 未选择最优动作而可能遭受最大损失最小，就后果平均严重程度而言，该策略风险是最低的。

		Agent_A	
		前进	避让
Agent_B	前进	3	0
	避让	0	1

图 7.2 后悔值矩阵

可以看出，在一般多 Agent 情况下，Agent_i 的最佳响应策略为

$$\pi_i^*(A_i) = \arg \max_{\pi_A \in \Pr(A_i)} \min_{a_{-i}} \left[\pi(a_{-i}) \cdot \sum_{a_i \in A_i} \pi_i(a_i) \cdot \text{reg}^{a_{-i}}(a_i)\right] \tag{7.4}$$

其中，a_{-i} 表示除 Agent_i 之外其他 Agent 的联合行动；$\pi(a_{-i})$ 为其余 Agent 各自策略下行动组合 a_{-i} 的概率。式(7.4)可以通过线性规划的方法解之。

7.3.3 基于后悔值的 Q 学习模型

7.3.2 节最优策略的计算过程中，需要事先获得 Agent 的博弈效用矩阵，即联合行动的回报。现实中这一信息往往难以预先得到。因为在实际应用中，Agent 往往需要执行一系列的动作才能实现某个目标，Agent 的行为选择是一个序贯决策问题，当前行为的回报受到未来若干行为的影响。立即报酬无法准确反映当前状态下多个行为之间的偏序关系，即立即报酬大的行为并不一定是达到目标最佳的策略。要获得 Agent 行为的回报函数，一种解决方法是采用动态规划的方法，但其高昂的计算开销不适合 Agent 的实时行为选择，且难以应用到开放的、动态的多 Agent 环境中。不断地在线学习 Agent 联合行动报酬是一个可行的方法，即

Q 学习。Q 函数反映了某个状态下联合行动的期望回报。

从 Q 学习的迭代公式,可以发现如何迭代更新整体回报值函数 $V(s)$ 是 Q 学习的一个关键问题。在 Q 学习算法中经常被使用的一种整体回报定义是折算累积回报,将未来的回报相对于立即回报进行折算,因为在许多情况下,强化学习算法希望获得更快的回报。在多 Agent 环境下,Agent 之间的关系繁多复杂,因此相应地衍生出了许多有关 $V(s)$ 计算的研究,在相关工作中已经介绍。在 7.3.2 节我们对一类特殊的 Agent 关系——冲突博弈进行了分析,并找到了 Agent 之间发生冲突博弈时的最优策略,该计算过程为冲突博弈强化学习提供了折算累积回报 $V(s)$ 迭代更新的一种方法。基于过去的经验,采用策略迭代,利用当前的 Q 值得到最优策略,并同时可以计算出该策略下折算累积回报 $V(s)$,进而产生新的 Q 函数值,反复迭代更新,最终收敛到一个稳定的最佳响应策略。本节以下部分详细描述了一种基于 7.3.2 节定义的最佳响应策略的冲突博弈 Q 学习模型。

当用 Markov 对策时,为了模型描述的完整性,给出利用 Q 学习方法时 Q 值的更新表达式,以 Agent_i 为例:

$$Q_i(s,\bar{a}) \leftarrow (1-\alpha)Q_i(s,\bar{a}) + \alpha[R_i(s,\bar{a}) + \gamma V_i(s')] \tag{7.5}$$

其中,α 为学习速率;γ 为折扣因子,Agent 越快完成任务,其得到的报酬也将越大。联合行动的报酬用当前 Q 值替代,则 Agent_i 在状态 s 下的后悔值为

$$\text{reg}^{a_{-i}}(s,a_i) = \max_{a_i \in A} Q(s,a,a_{-i}) - Q(s,a,a_{-i}) \tag{7.6}$$

通过对冲突博弈的分析,理性 Agent 此时较好的决策思路是最小化最坏情况下的后悔值,以免在未来遭受大的损失。这一做法虽然看似有些保守,但在冲突博弈环境下不失为一种理性的抉择方法。根据不同行为的后悔值更新策略:

$$\pi_i(s,A_i) = \arg \max_{\pi_A \in \Pr(A_i)} \min_{a_{-i}} [\pi(s,a_{-i}) \cdot \sum_{a_i \in A_i} \pi_i(s,a_i) \cdot \text{reg}^{a_{-i}}(s,a_i)] \tag{7.7}$$

Agent 策略发生变化,必然会影响到状态 s 下折算累积回报值 $V(s)$。在一般的 Q 学习算法中,状态、下回报值 $V(s)$ 取所有行为当中报酬 Q 最大的,而在我们的模型中得到的策略是一个概率分布,因此整体回报 $V(s)$ 依各行为概率按期望报酬和计算更为合理。根据式(7.7)得到 i 最新的策略 π_i,更新状态 s 下的整体回报值 V:

$$V_i(s) = \sum_{a_{-i}} \pi(s,a_{-i}) \cdot \sum_{a_i \in A_i} \pi_i(s,a_i) \cdot Q(s,a_i,a_{-i}) \tag{7.8}$$

其中,$\pi_i(s,a_{-i})$ 几乎是不可能事先知道的,可以采用假想对策(fictitious play)[14]中使用的方法:其他 Agent 的策略估计为 Agent_i 基于当前对其他 Agent_j $(j \neq i)$ 的信念作出的概率预测值:

$$\pi(s,a_{-i}) = \Pr(s,a_{-i}) = \prod_{j \neq i} \Pr(s,a_j \mid \text{Bel}_i(j)) \tag{7.9}$$

将式(7.9)代入 π_i 和 V 的更新式中,反复迭代,最终收敛得到 Agent_i 的最优

策略：

$$\pi_i^*(s) = \arg\max_{\pi_i \in \Pr(A_i)} \min_{a_{-i}} \Big[\Pr(s,a_{-i}) \cdot \sum_{a_i \in A_i} \pi_i(s,a_i)(\max_{a_i \in A} Q(s,a,a_{-i}) - Q(s,a,a_{-i})) \Big] \tag{7.10}$$

当 Agent 的信念不变时，该模型得到的最优策略是静态的，不会随着时间而改变。但从 $\Pr(a_j \mid \mathrm{Bel}_i(j))$ 可以看出，若 Agent_i 的信念改变，则 Agent_i 预测的 Agent_j 的策略也将改变，从而使得 Agent_i 的最优策略 $\pi_i^*(s)$ 发生变化。为了适应这一不确定性，需要重新启动 Q 学习过程，若信念无错误，则会得到与其他 Agent 行为更匹配的策略。而频繁再学习又会使策略不断动荡，而无法收敛。下面给出何时进行再学习的决策方法。

7.4 Nash-Q 学习

Nash 在 1950 年提出 Nash 平衡，并且已经成为解决一般和非合作对策的主要解决方法，即对策的局中人通过对其他局中人合理行为的正确估计从而达到的一个稳定状态。合理行为意味着一个局中人的策略是对其他局中人策略的最优响应[10]。

Nash 平衡点的定义如下。

在有 n 个局中人的对策中，π^i 表示局中人 i 的策略（$i=1,\cdots,n$）。$v^i(\pi^i,\cdots,\pi^n)$ 表示局中人 i 的定义在所有局中人的联合策略上的支付函数。若有策略 $(\pi_*^1,\cdots,\pi_*^n)$ 对所有 i 使得式(7.11)成立：

$$v^i(\pi_*^1,\cdots,\pi_*^n) \geqslant v^i(\pi_*^1,\cdots,\pi_*^{i-1},\pi^i,\pi_*^{i+1},\cdots,\pi_*^n), \quad \forall \pi^i \in \Pi^i \tag{7.11}$$

其中，Π^i 表示对于局中人 i 的所有可能策略集，则称 $(\pi_*^1,\cdots,\pi_*^n)$ 为一个 Nash 平衡点。

定义 $\mathrm{Nash}_i(s,Q_1,\cdots,Q_n)$ 表示 Agent_i 在状态 s 时按照 Nash 平衡策略的执行的一步，对于 Agent_j 的奖赏总和由在状态 s 是的 Q 函数 Q_j 定义。定义 $\mathrm{Val}_i(s,Q_1,\cdots,Q_n)$ 是 Agent_i 在这个 Nash 平衡点的值函数[11]：

$$\mathrm{Val}_i(s,Q_1,\cdots,Q_n) = \sum_{a_1,\cdots,a_n} \mathrm{Nash}_1(s,Q_1,\cdots,Q_n)[a_1]\cdots \cdot \mathrm{Nash}_n(s,Q_1,\cdots,Q_n)[a_n]Q_i(s,a_1,\cdots,a_n) \tag{7.12}$$

由于 Markov 对策中 Nash 平衡以及值函数概念，扩展了在 Markov 决策过程中按照最大值的贪婪策略行为选择，Nash-Q 学习的更新规则使用 Nash 平衡的值函数来评估每个 Agent 的 Q 函数。给定一个经验组 $\langle s,a_1,\cdots,a_n,r_1,\cdots,r_n,s'\rangle$，更新规则如下[12]：

$$Q_i(s,a_1,\cdots,a_n) = (1-\alpha)Q_i(s,a_1,\cdots,a_n) + \alpha[r_i + \beta \mathrm{Val}_i(s,Q_1,\cdots,Q_n)] \tag{7.13}$$

一般情况下,即使在对策中有唯一的值函数,式(7.13)表示的学习算法还是无法确定是否为收敛的。Hu等[13,14]发现在仿真中,学习规则在不加任何限制下有时是收敛的。当然,在某些特定的条件下,如完全敌对平衡、协调平衡时,可以保证算法的收敛。

7.5　零和Markov对策和团队Markov对策

7.5.1　零和Markov对策

1. 强化学习中的函数逼近问题完全敌对平衡[15]

Markov对策有许多不同种类的奖赏结构,根据这些结构,学习算法可以显示出不同的动态性能。在本节中介绍Agent之间是完全冲突的奖赏结构。

在一个n个局中人的随机对策中,敌对平衡是一个鞍状的平衡点。如果一个Agent离开了敌对平衡点,它不但会惩罚这个Agent,而且会帮助其他的Agent。我们令$(\pi_1,\cdots,\pi_n)$是敌对平衡的策略,则在所有的状态s下,所有的其他待选策略$(\pi_1',\cdots,\pi_n')$,对于$1\leqslant i\leqslant n$有

$$\begin{aligned}&\sum_{a_1,\cdots,a_n}\pi_1(s,a_1)\cdots\pi_n(s,a_n)Q_i(s,a_1,\cdots,a_n)\\ \geqslant&\sum_{a_1,\cdots,a_n}\pi_1(s,a_1)\cdots\pi_{i-1}(s,a_{i-1})\pi_i'(s,a_i)\pi_{i+1}(s,a_{i+1})\cdots\\ &\cdot\pi_n(s,a_n)Q_i(s,a_1,\cdots,a_n)\end{aligned}\tag{7.14}$$

因此,Agent_i更倾向于选择策略π_i,而非π_i'。也就是说,每个Agent更倾向于保持在平衡点上。

另外,如果$(\pi_1,\cdots,\pi_n)$是敌对平衡的策略,则在所有的状态s下,所有的其他待选策略$(\pi_1',\cdots,\pi_n')$,对于$1\leqslant i\leqslant n$有

$$\begin{aligned}&\sum_{a_1,\cdots,a_n}\pi_1(s,a_1)\cdots\pi_n(s,a_n)Q_i(s,a_1,\cdots,a_n)\\ \leqslant&\sum_{a_1,\cdots,a_n}\pi_1'(s,a_1)\cdots\pi_{i-1}'(s,a_{i-1})\pi_i(s,a_i)\pi_{i+1}'(s,a_{i+1})\cdots\\ &\cdot\pi_n'(s,a_n)Q_i(s,a_1,\cdots,a_n)\end{aligned}\tag{7.15}$$

式(7.15)表明,每个Agent更希望其他Agent脱离这个平衡点,换句话说,就是一个Agent好的情况就是其他Agent坏的情况。

2. 零和Markov对策

在两个Agent的Markov对策中,当它们的目标是完全对立时,就称为零和

Markov 对策。对于 $a_1 \in A_1, a_2 \in A_2, s \in S$，有 $R_1(s,a_1,a_2) = -R_2(s,a_1,a_2)$，也就是说，只需有一个奖励函数 R_1，Agent_1 尽力使它最大化，而 Agent_2 尽力使它最小化，零和对策也称为敌对的和完全竞争的。

在零和对策中，Nash 平衡点具体特殊的含义：我方的每个策略按照对手的策略进行评价，而对手策略是使我方的策略效果变得更坏。因此策略的选择会倾向于保守，保守的策略强迫对手进入一个僵局，由此产生了许多针对对手的奖赏信息。这就是最小最大的本质：在最坏的情况下执行行为使我方的奖赏最大化。

在零和 Markov 对策中，Agent_1 得到的每个奖赏与 Agent_2 的是相反的，可以定义 $Q_2 = -Q_1$。因此，只需学习一个 Q 函数，则 Nash 平衡情况可以被简化为

$$\begin{aligned}&\sum_{a_1,a_2} \pi_1(s,a_1)\pi_2(s,a_2)Q_i(s,a_1,a_2)\\&\geqslant \sum_{a_1,a_2} \pi'_1(s,a_1)\pi_2(s,a_2)Q_i(s,a_1,a_2)\end{aligned} \tag{7.16}$$

和

$$\begin{aligned}&\sum_{a_1,a_2} \pi_1(s,a_1)\pi_2(s,a_2)Q_i(s,a_1,a_2)\\&\leqslant \sum_{a_1,a_2} \pi_1(s,a_1)\pi'_2(s,a_2)Q_i(s,a_1,a_2)\end{aligned} \tag{7.17}$$

式(7.17)同时也满足了敌对平衡的另一个条件。

显然，如果将 Nash-Q 学习应用到一个零和对策中，所有的 Q 函数将按照敌对平衡进行学习。下面将介绍在零和 Markov 对策中如何简化 Nash-Q 学习。

3. Minmax-Q 学习

Minmax-Q 学习是一个值函数强化学习算法，它是针对零和 Markov 对策而设计的。Minmax-Q 学习最早是 Littman[11] 提出的，并将其应用到一个有关零和 Markov 对策的仿真足球比赛中，随后 Uther 等[16] 也对它进行了类似的研究。

在一个对策中，值函数的定义可以依据零和情况进行简化：

$$\text{Val}_1(s,Q_1) = \max_{\pi_1(s,\cdot)\in \text{PD}(A)} \min_{a_2 \in A_2} \sum_{a_1 \in A_1} \pi_1(s,a_1)Q_1(s,a_1,a_2) \tag{7.18}$$

式(7.18)表示，在面临对手动作选择的最坏可能时，最大化期望奖赏值的概率分布。这个计算可以通过一个线性规划来完成。在式(7.18)中，最小可以通过随机策略来定义，但是，由于它是在最大的里面，因此最小是通过一个确定的行为选择来完成的。

利用对策中的值函数，Minmax-Q 学习的更新规则可以表示为

$$Q_1(s,a_1,a_2) = (1-\alpha)Q_1(s,a_1,a_2) + \alpha[r_1 + \beta \text{Val}_1(s,Q_1)] \tag{7.19}$$

通常，敌对平衡的策略可以完成它们的值函数学习，而不管对手的动作。使用

Minmax-Q 学习更新规则的策略有一个更为有力的保证——它可以在不知道对手策略的情况下得到自己的最大值。因此，即使是非零和对策中，只要存在敌对平衡，Minmax-Q 学习还是要优于 Nash-Q 学习。如果 Agent 处于一个零和对策中，即使它忽视了对手的奖赏信息，只要按照自己所期望奖赏，它的策略效果也不会差，也可能会很好。

7.5.2　团队 Markov 对策

1. 协作平衡[15]

在一个 n 个局中人的对策中，协作平衡是使所有的 Agent 得到它们可能得到最大化的奖赏。令$(\pi_1,\cdots,\pi_n)$是协作平衡的策略，可以得出

$$\sum_{a_1,\cdots,a_n}\pi_1(s,a_1)\cdots\pi_n(s,a_n)Q_i(s,a_1,\cdots,a_n)=\max_{a_1,\cdots,a_n}Q_i(s,a_1,\cdots,a_n) \tag{7.20}$$

对于所有 $\text{Agent}_i(1\leqslant i\leqslant n)$和所有状态 s，如果一个对策中有一个协作平衡，它就有了一个确定的协作平衡。这就带来了一个事实，每个 Agent 的值函数是 Q 函数的值函数的凸组合。

如果一个对策执行一个协作平衡，则对策中的所有 Agent 都不愿去改变平衡，因为这个策略集会导致最好的效果。换句话说，对于一个 Agent 的最佳策略效果同样对其他 Agent 也是最佳的。

2. 团队 Markov 对策

在团队 Markov 对策中，所有 Agent 拥有相同的目标。对于 $a_1\in A_1,a_2\in A_2,\cdots,s\in S,R_1(s,a_1,a_2,\cdots,a_n)=R_2(s,a_1,a_2,\cdots,a_n)=\cdots$，即它们只需一个共同的奖励函数 R_1，所有的 Agent 都最大化这个奖励函数。团队对策也称为合作对策。Boutilier[17]把团队 Markov 对策看做多 Agent 决策过程，由于它们是一起执行动作，Agent 团队面临一个 Markov 决策过程。

在一个团队对策中，由于 Agent_1 得到的每个奖惩值也是所有 Agent 得到奖赏值，可以定义 $Q_1=\cdots=Q_n$，所以只需一个 Q 函数进行学习即可。

3. 团队 Q 学习

团队 Q 学习是特定为团队对策设计的一个值函数强化学习。在团队情况下，一个对策的值函数可以定义为

$$\text{Val}_1(s,Q_1)=\max_{a_1,\cdots,a_n}Q_1(s,a_1,\cdots,a_n) \tag{7.21}$$

式(7.21)表明，在给定的状态下，只需得到 Q 表的最大值即可。

利用式(7.21)定义的对策值函数，团队 Q 学习的更新规则为

$$Q_1(s,a_1,\cdots,a_n)=(1-\alpha)Q_1(s,a_1,\cdots,a_n)+\alpha[r_1+\beta \mathrm{Val}_1(s,Q_1)] \quad (7.22)$$

团队 Q 学习与一般 Q 学习具有相同的收敛特性[18,19]。

即使在非团队对策中，如果对策中有协调平衡，作为 Nash-Q 学习的一种，团队 Q 学习也会学习相同的值函数。团队 Q 学习更新规则的计算很简单，很适用于 n 个局中人的对策。

对于团队 Markov 对策，一个重要的问题是当存在多个协作平衡时，需要一种鲁棒的和一般的方法来选择一个平衡。

7.6　基于 Markov 对策的多 Agent 协调策略

在多 Agent 环境中，Agent 之间有两种最基本的关系：合作与竞争。根据这两种关系，将每个 Agent 进行分类：具有合作关系的 Agent 群体是 Team 内部关系；而具有竞争关系的 Agent 群体是 Team 之间的关系。我们分别利用两种特殊的 Markov 对策进行多 Agent 协调：在竞争关系的 Agent-team 之间，采用零和 Markov 对策；在合作关系的 Agent-team 内部，采用团队 Markov 对策。

7.6.1　对策框架

我们提出的一种基于 Markov 对策的多 Agent 协调框架[20,21]，如图 7.3 所示。Agent-team 的命令中心负责制定出整个 Team 的策略来对抗别的 Team，它采用零和 Markov 对策进行策略的制定。Agent-team 内部由若干个具有相同目标的 Member Agent 组成。团队内部是合作关系，Member Agent 之间采用团队 Markov 对策来协调各自的行为以完成高层的策略。

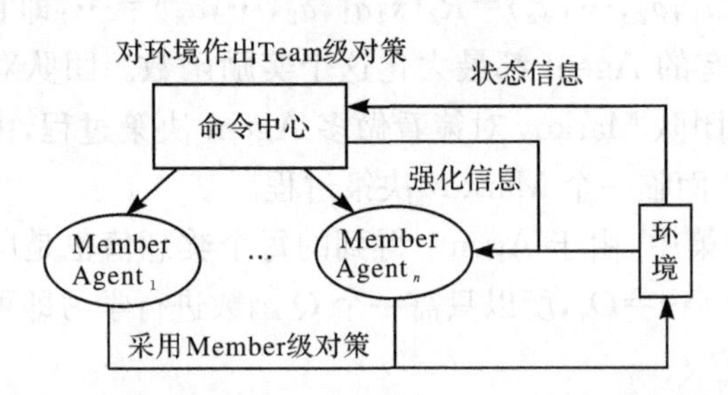

图 7.3　基于 Markov 对策的多 Agent 协调框架

7.6.2　Team 级对策

Team 级对策由命令中心来制定。命令中心通过观测得到环境中的状态以及对手 Agent-team 的整体策略态势。利用零和 Markov 对策，命令中心进行 Minmax-Q学习，选择有效的策略来对抗对手。命令中心的值函数$V_c(s)$，表示为

$$V_c(s)=\max_{h\in H}\min_{o\in O}\sum_{h\in H}Q_c(s,h,o) \tag{7.23}$$

命令中心的Q函数$Q_c(s,h,o)$的更新规则为

$$Q_c(s,h,o)\leftarrow(1-\alpha)Q_c(s,h,o)+\alpha[r_c(h,o,s)+\beta V_c(s')] \tag{7.24}$$

其中，s为当前的环境状态；h为命令中心在状态s下选择的策略，H为其策略集；o为对手Agent-team在状态s下的策略，O为其策略集；r_c为命令中心得到的强化信号；s'为新的环境状态；α为学习率；β为折扣因子。

7.6.3 Member级对策

在Member级，Agent-team内部通过完全合作来完成命令中心所制定的高层策略。Member Agent有共同的学习目标，利用团队Markov对策，Agent-team中的所有Member Agent采用团队Q学习，选择它们各自的行为来联合行动。每个Member Agent的团队Q函数是相同的，值函数$V_m(s)$为

$$V_m(s)=\max_{a_1,\cdots,a_n}Q_m(s,a_1,\cdots,a_n) \tag{7.25}$$

Member Agent的Q函数$Q_m(s,a_1,a_2,\cdots,a_n)$的更新规则为

$$Q_m(s,a_1,\cdots,a_n)\leftarrow(1-\alpha)Q_m(s,a_1,\cdots,a_n)+\alpha[r_m(s,a_1,\cdots,a_n)+\beta V_m(s')] \tag{7.26}$$

其中，s为当前的环境状态；a_i为Member Agent i在状态s下选择的行为，i为Agent的个数；r_m为Member Agent得到的强化信号；s'为新的环境状态；α为学习率；β为折扣因子。

命令中心制定的高层策略是针对环境和对手策略的，同时也是对整个Team中每个Member Agent行为的选择进行规划。在整个协调框架的具体实施过程中，命令中心将一个复杂的任务进行分解并制定高层策略，每个高层策略对低层的Member Agent进行角色分工，不同的角色对应着不同的基本任务，根据各自的基本任务，每个Member Agent选择自己的行为来协调完成高层策略。

对于复杂任务的分解和角色的分工是根据实际应用的特点由设计者给定的，具体的策略学习和动作学习是由多Agent协调框架来完成的。

7.6.4 仿真实验

1. 实验环境

机器人足球是一个典型的MAS。在这个多Agent环境中，既有对手之间的竞争关系，又包含队友之间的合作关系。通过对机器人足球比赛的分析，我们利用本书提出的分层多Agent对策，在球队Team级决策中，采用零和Markov对

策;在队员 Member 级决策中,采用团队 Markov 对策。实验平台是 SimuroSot 仿真比赛。

赛场的环境信息分为两类:根据足球的位置和方向信息得到比赛的状态;根据每个对手球员的位置信息综合出对手球队整体的态势信息。命令中心是这个球队高层策略的制定者,处理与对手球队的竞争关系。它依据赛场的状态信息和对手球队的态势信息,采用零和 Markov 对策来进行高层策略的制定。每个机器人队员是球队的个体,可以看做 Member Agent,都有执行各种动作的能力。Member Agent 之间是完全合作关系,根据命令中心制定的高层策略,Member Agent 采用团队 Markov 对策,选择出各自的动作策略,进行机器人足球比赛。实验环境的构建如图 7.4 所示。

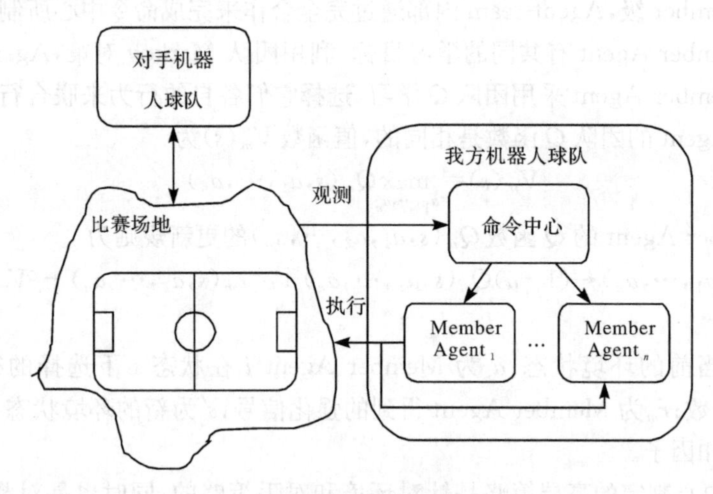

图 7.4　实验环境

在实验中,我们设计的比赛状态信息(足球的 4 个状态信息)为 S={有利,次有利,次威胁,威胁}和对手的态势信息为 O={强攻,进攻,防守反击,顽守}。命令中心的高层策略为 H={强攻,进攻,防守反击,顽守}。每个Member Agent 的动作为 A={射门,助攻,协防,守门}。

由于每个高层策略都对应一个球队的比赛阵形,并且影响着每个机器人行为的选择策略,我们设计了一种对应关系来表示高层策略和低层动作之间的关系(假定比赛为 2 对 2):

$$H_1(\text{强攻})\rightarrow\begin{cases}\text{Agent}_1\{\text{射门,助攻}\}\\ \text{Agent}_2\{\text{射门,助攻}\}\end{cases}$$

$$H_2(\text{进攻})\rightarrow\begin{cases}\text{Agent}_1\{\text{射门,助攻}\}\\ \text{Agent}_2\{\text{助攻,协防}\}\end{cases}$$

$$H_3(\text{防守反击})\rightarrow\begin{cases}\text{Agent}_1\{\text{助攻,协防}\}\\ \text{Agent}_2\{\text{协防,守门}\}\end{cases}$$

$$H_4(\text{顽守})\rightarrow\begin{cases}\text{Agent}_1\{\text{协防,守门}\}\\ \text{Agent}_2\{\text{协防,守门}\}\end{cases}$$

在多 Agent 学习中，传统的强化函数是：当球攻进对方球门时，得到的奖励值 r 是 $+1$；当我方被攻进球时，得到的奖励值 r 是 -1。为了加快多 Agent 学习的速度，必须根据实际系统的特点构造强化函数。

我们设计的强化函数包含两类信息：基于外部环境的强化信息和基于内部知识的强化信息。

所谓外部环境的强化信息，它是指在实际比赛过程中，全局环境状态的变化所给予的奖惩信息，表示为 r_s：

$$r_s=\begin{cases}c, & \text{我方得分}\\ -c, & \text{对方得分}\\ 0, & \text{其他}\end{cases}$$

$$c>0$$

基于内部知识的强化信息是指在我方执行每一步策略后所得到的强化信息，它融入了每个策略所包含的先验知识，对每个策略执行的效果进行奖惩，表示为 r_a：

$$r_a=\begin{cases}d, & \text{策略成功}\\ 0, & \text{策略失败}\end{cases}$$

$$d>0$$

综合考虑这两类奖惩信息，按照合理的加权求和，命令中心得到强化信息 R_c：

$$R_c=\omega_s r_s+\omega_a r_a$$

$$\omega_s,\omega_a\geqslant 0,\quad \omega_s+\omega_a=1$$

根据命令中心制定的高层策略，Member Agent 之间相互协调完成任务。团队对策的强化函数主要是判断机器人之间的合作效果，在实际应用中，根据执行策略的效果来进行奖惩评价。团队对策的强化函数 R_m 是由高层策略执行效果的奖惩信息得出的。

$$R_m=r_a$$

学习算法的参数设定如下：折扣因子 $\beta=0.9$，学习率 α 的初始值为 1，α 的衰减为 0.9，传统多 Agent 强化学习的 Q 表的初始值为 0，基于零和 Markov 对策的多 Agent 学习的 Q 表初值为 1，基于团队 Markov 对策的多 Agent 学习的 Q 表初值为 0。

2. 实验结果

实验分为 2 组：

(1) 采用传统 Q 学习各自进行对策；

(2) 采用本章提出的分层的 Markov 对策。

而对手采用基于规则的固定策略。实验是 2 对 2 的比赛。

图 7.5 显示了实验 1 中，Agent_1 和 Agent_2 在每个状态下执行动作的 Q 值曲线。图 7.5(a)和图 7.5(b)显示出 Robot_1 和 Robot_2 采用传统的 Q 学习收敛性很差，在实验后期还没有得到自己的确定策略。

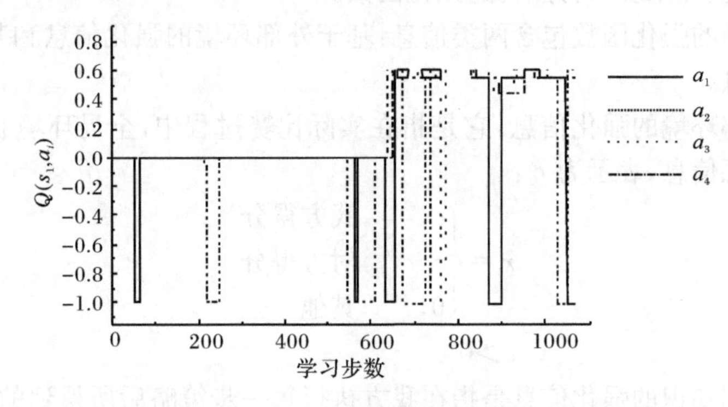

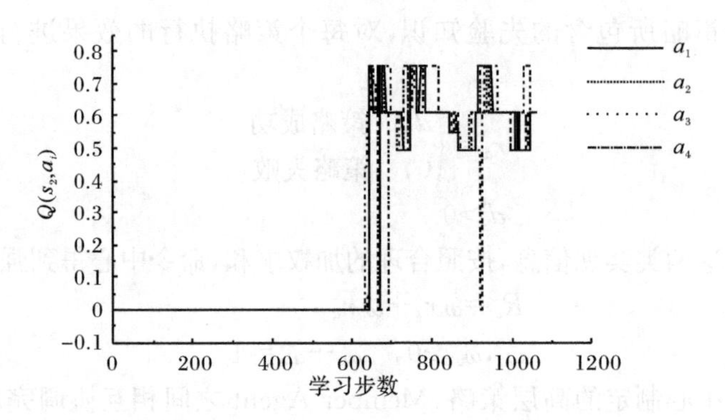

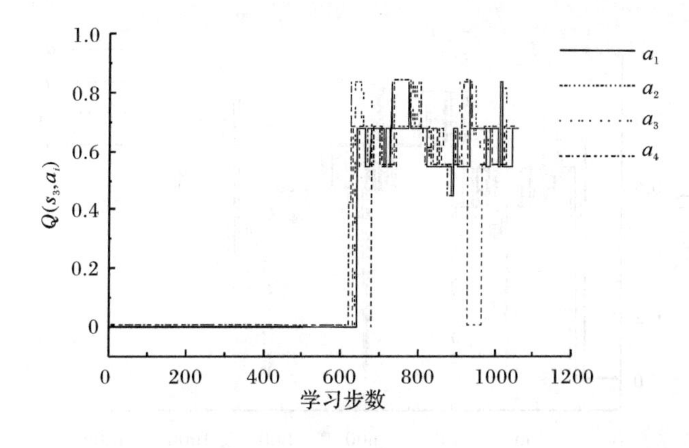

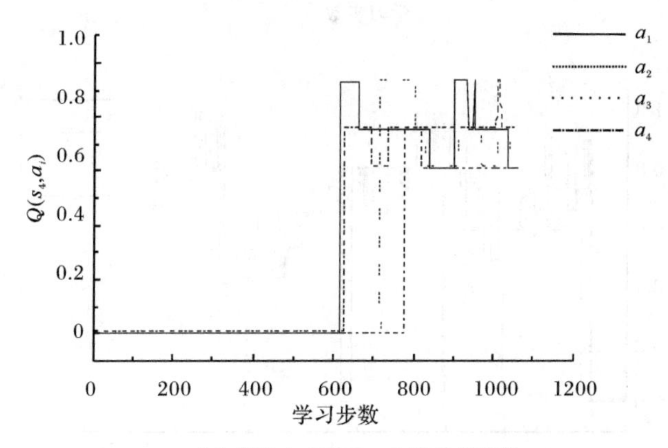

(a) 实验 1 中 Robot 1 的 Q 值曲线

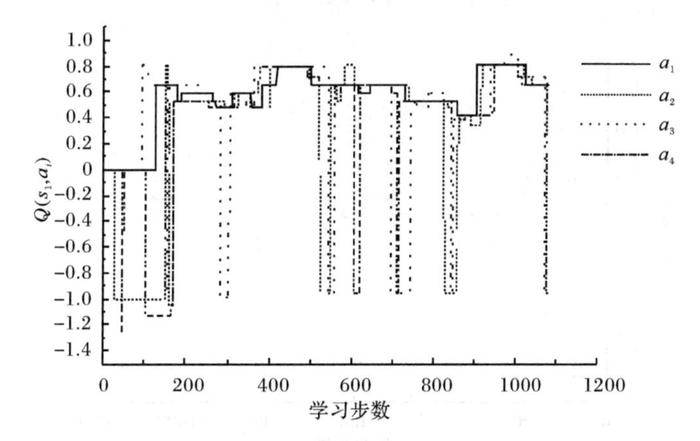

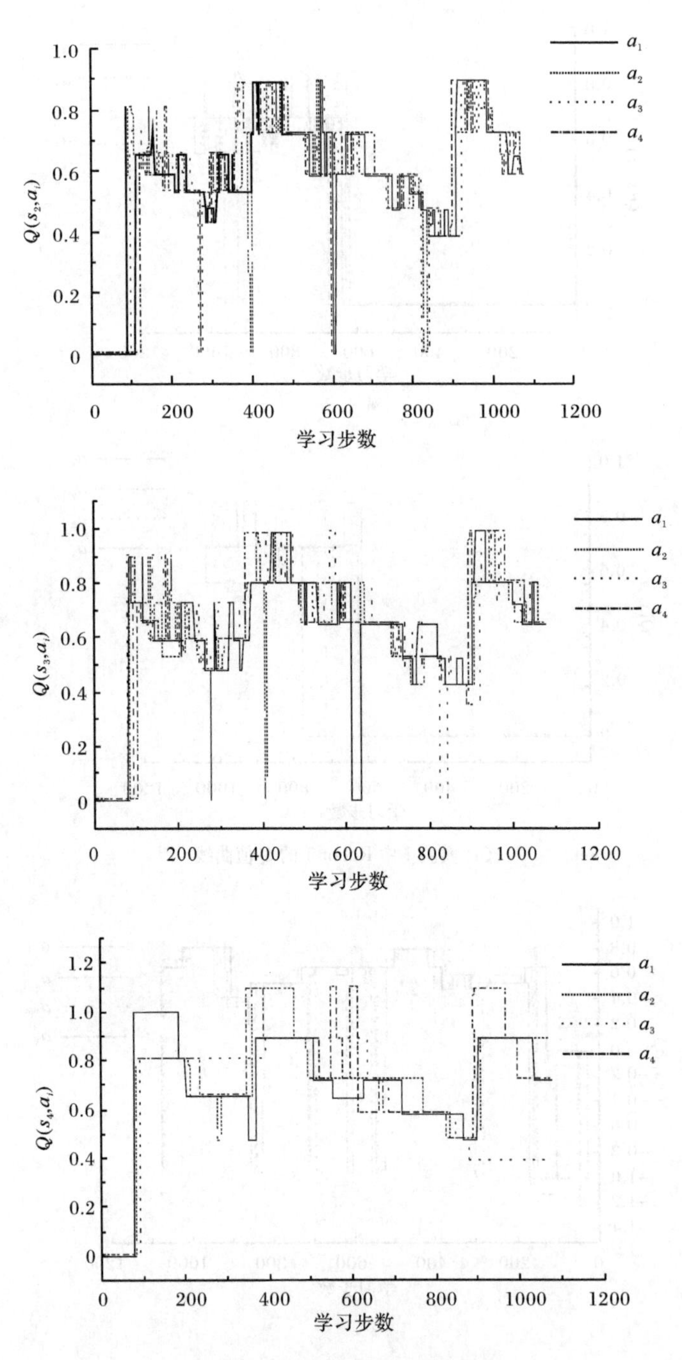

(b) 实验 1 中 Robot 2 的 Q 值曲线

图 7.5　实验 1 的结果

图 7.6 显示了实验 2 的结果信息。命令中心通过零和 Markov 对策很快地收敛到了稳定值，并且得到的是合理的策略，图 7.6(a)中记录了 $\underset{o\in O}{\mathrm{Min}}\,Q(s_i,h_j,o)(i,j=1,2,3,4)$的值。图 7.6(b)和图 7.6(c)显示了 Robot_1 和 Robot_2 采用团队 Markov 对策得到的动作的 Q 值曲线，我们分别记录了 $\underset{a\in A}{\mathrm{Min}}\,Q(s_i,a_j,a)$和 $\underset{a\in A}{\mathrm{Min}}\,Q(s_i,a,a_j)$ $(i,j=1,2,3,4)$。结果显示每个 Agent 的学习是收敛的，可以得到自己确定的执行策略。

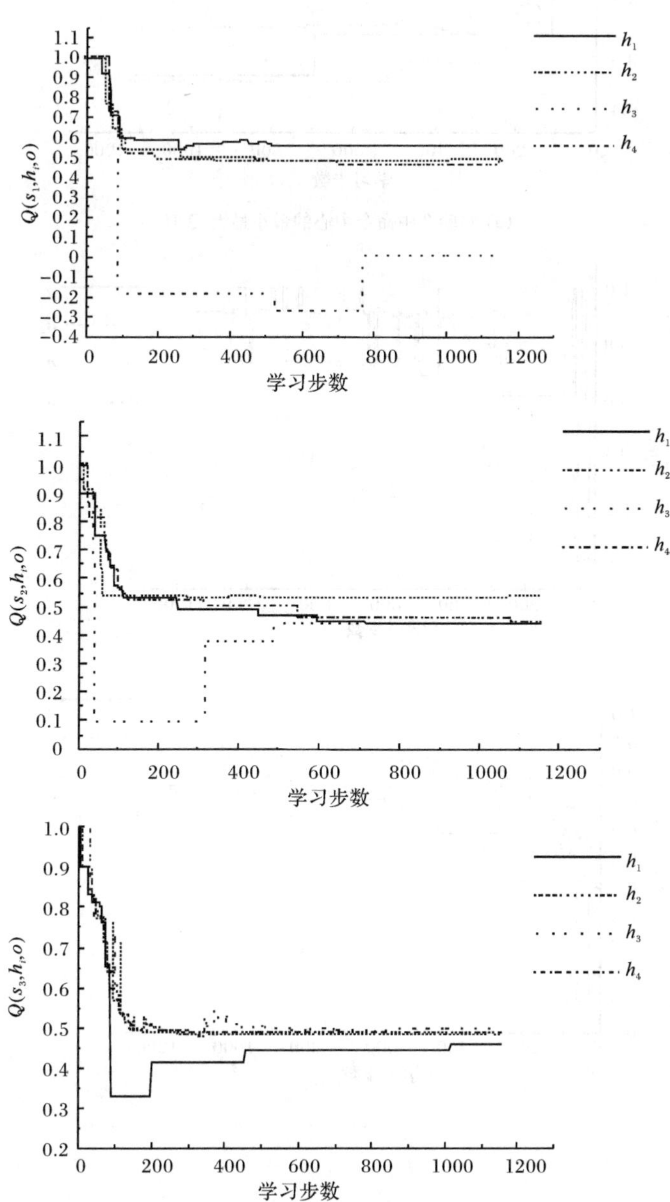

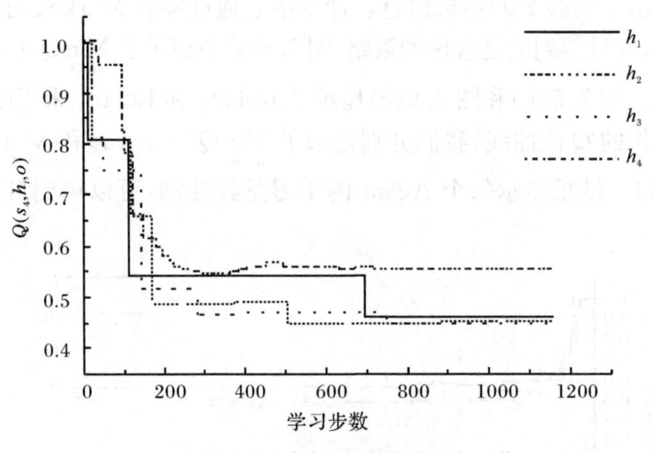

(a) 实验 2 中命令中心的最小最大 Q 值

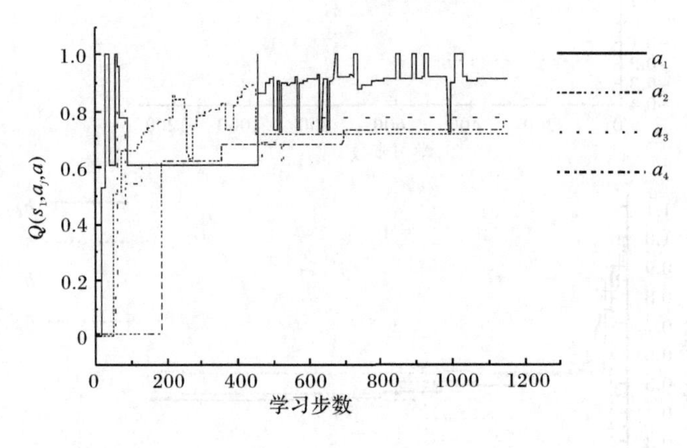

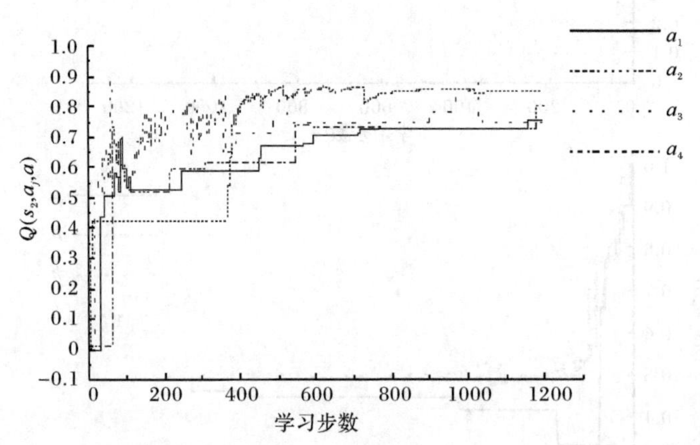

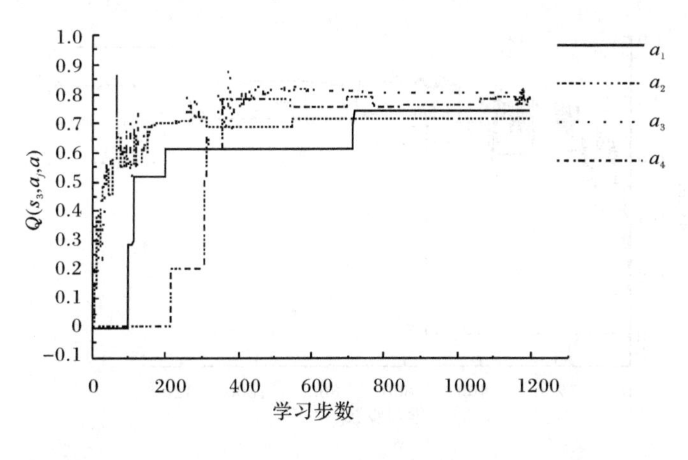

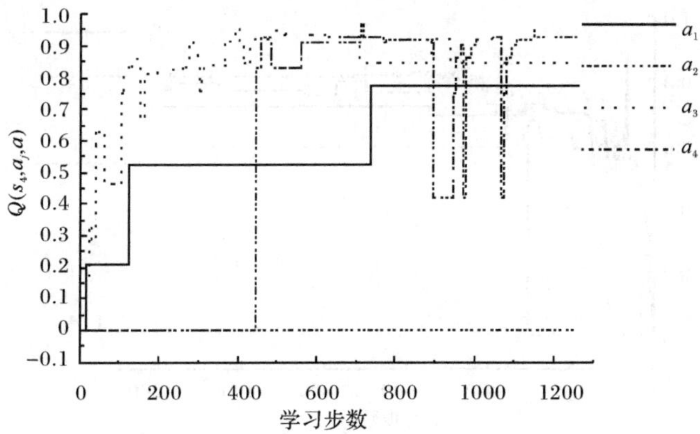

(b) 实验2中$Robot_1$的Q值曲线

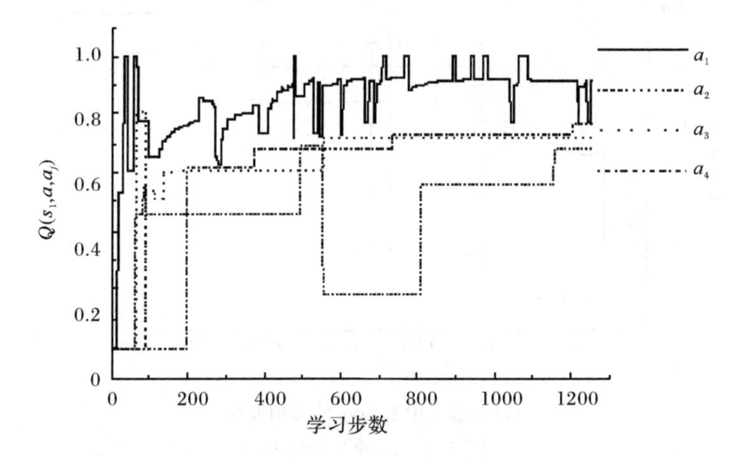

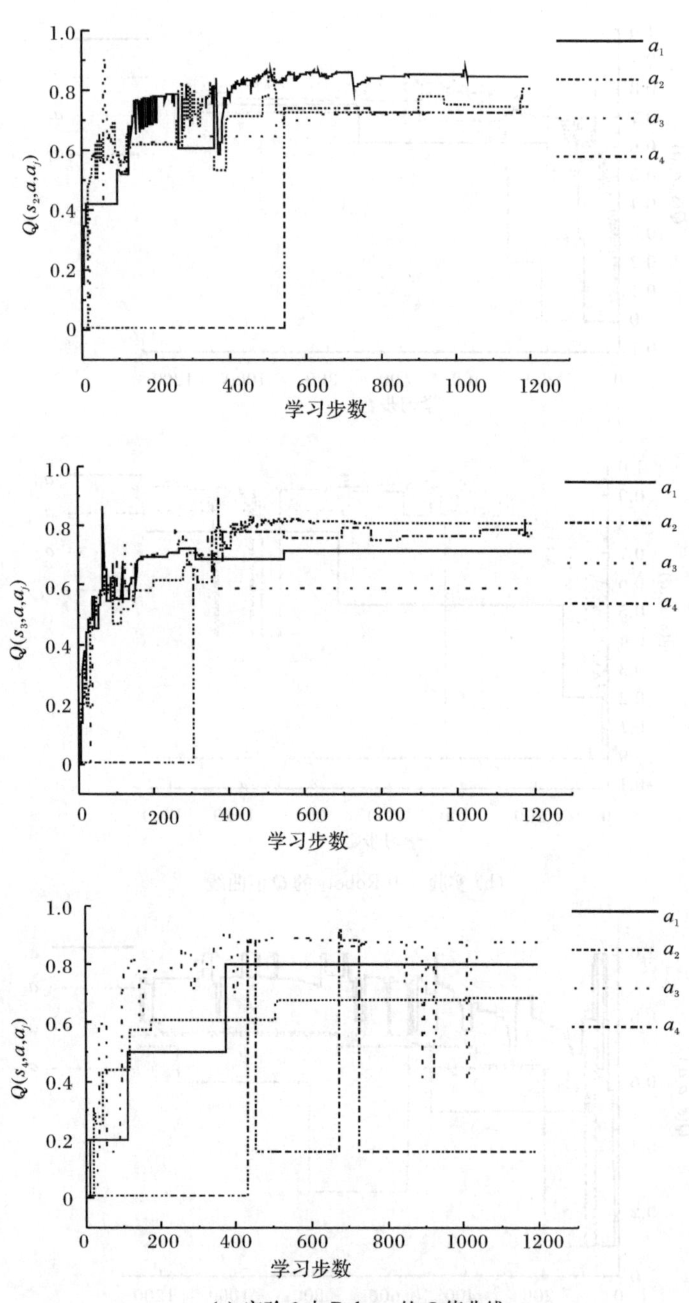

(c) 实验 2 中 $Robot_2$ 的 Q 值曲线

图 7.6 实验 2 的结果

7.7 小 结

在多Agent环境中,Agent之间存在着竞争和合作的关系。多Agent学习如果忽视Agent之间的对策和协调,就很难取得满意的效果,学习过程可能会暴露出Agent相互冲突的诸多因素,使MAS难以有效地完成最终任务。本章基于Markov对策,提出了一种分层的多Agent对策框架,Team级利用零和Markov对策解决与对手Agent群体的竞争;Member级利用团队Markov对策处理群体内部Agent的合作。在SimuroSot中的应用与实验表明,本章设计的多Agent协调方法明显优于传统Q学习。

参考文献

[1] Parson S, Wooldridge M. Game theory and decision theory in multi-agent systems. Autonomous Agents and Multi-Agent Systems, 2002, 5(3): 243-254.

[2] Luce R D, Raiffa H. Games and Decisions. New York: John Wiley & Sons, 1957.

[3] 易伟华. 基于多Agent协调的资源调配研究. 武汉:华中科技大学博士学位论文,2006.

[4] Schelling T C. The strategy of conflict. Cambridge: Harvard University Press, 1960.

[5] Meade J E. 效率、公平与产权. 北京:北京经济学院出版社,1992.

[6] Cooper R, DeJong D V, Forsythe R, et al. Communication in coordination games. Quarterly Journal of Economics, 1992, 107(2): 739-771.

[7] Huyck J V, Battalio R, Beil R. Asset markets as an equilibrium selection mechanism: coordination failure, game form auctions, and tacit communication. Games and Economic Behavior, 1993, 5(3): 485-504.

[8] Farrell J, Rabin M. Cheap talk. The Journal of Economic Perspecives, 1996, 10(3): 103-118.

[9] 肖正. 多Agent系统中合作与协调机制的研究. 上海:复旦大学博士学位论文,2009.

[10] Nash J. Equilibrium points in n-person games. Proceedings of the National Academy of Sciences, 1950, 36(1): 48-49.

[11] Littman M L. Markov games as a frame work for multi-Agent reinforcement learning. Proceedings of the Eleventh International Conference on Machine Learning Pages, New Brunswick, 1994: 157-163.

[12] Hu J, Wellman M P. Multi-agent reinforcement learning: theoretical framework and an algorithm. Proceedings of the 15th International Conference of Machine Learning, Madison Wisconsin, 1998: 115-122.

[13] Hu J. Learning in Dynamic Non-cooperative Multi-Agent Systems. Cambridge: MIT Press, 1999.

[14] Hu J, Wellman M P. Experimental results on Q-learning for general-sum stochastic games.

Proceedings of the Seventeenth International Conference on Machine Learning, Stanford, 2000:407-414.

[15] Littman M L. Value-function reinforcement learning in Markov games. Journal of Cognitive Systems Research, 2001, 22(1):1-12.

[16] Uther W, Veloso M. Adversarial reinforcement learning. Report, Unpublished Manuscript, 1997.

[17] Boutilier C. Planning, learning and coordination in multi-agent decision processes. Proceeding of the Sixth Conference on Theoretical Aspects of Rationality and Knowledge, De Zeeuwse, Netherlands, 1996:195-210.

[18] Littman M L, Szepesvari C. A generalized reinforcement-learning model: convergence and applications. Proceedings of the Thirteenth International Conference on Machine Learning, San Francisco, 1996:310-318.

[19] Szepesvari C, Littman M L. A unified analysis of value-function-based reinforcement-learning algorithms. Neural Compue, 1999, 11(8):2017-2059.

[20] Fan B, Pan Q, Zhang H C. A multi-Agent coordination frame based on Markov games. Proceedings of the Eighth International Conference on Computer Supported Cooperative Work in Design, Xiamen, 2004:230-233.

[21] 范波,潘泉,张洪才. 基于 Markov 对策的多智能体协调方法及其在 Robot Soccer 中的应用. 机器人, 2005, 27(1):46-51.

第8章 Agent技术在机器人智能控制系统的应用

8.1 引 言

机器人技术的发展是一个国家高科技水平和工业自动化程度的重要标志和体现,机器人在目前生产和生活中的应用越来越广泛,在某些场合和环境中正在替代人发挥着日益重要的作用[1]。Garcia等总结了近50年机器人学研究的发展历程[2],作为人类社会需要的一个反映,机器人技术的发展历程可分为三个阶段:机械手(robot manipulators)、生物激励型(biologically inspire)、机器人和移动机器人(mobile robots)。

在机器人学的发展过程中,机器人由传统的运动控制到现在的智能控制,它的应用领域也在发生着变化,从工业机器人(industrial robot)至现在的军用和服务等领域,如无人战场(unmanned field)、监督(surveillance)、医疗援助(medical assistance)和家庭服务(domestic service)、安全(security)、探测(explorato)等,因此机器人技术得到了全世界普遍关注[3]。

机器人是由机械本体、控制器、伺服驱动系统和检测传感装置等构成的一种仿人操作、自动控制、可重复编程、能在三维空间完成各种作业的具备高集成度和智能化的机电一体化设备,涉及机械、电子、控制、计算机、人工智能、传感器、通信、网络等多个学科知识。机器人技术的发展和应用水平已成为衡量一个企业乃至国家先进程度的一项重要指标[4]。

在过去一段时间内,国际机器人学研究和机器人产业发展最重要的标志为向智能化高精度方向发展,包括传感智能机器人的发展加快、机器人工程系统的明显增加,微型驱动机器人研究的突破、应用领域向非制造业的拓展、敏捷制造生产系统的开发、开放式网络化机器人技术的开发,这些已经成为机器人领域的新热点[5]。目前国际机器人界都在加大科研力度,进行机器人共性技术的研究,并朝着智能化和多样化方向发展,主要研究内容集中在机器人操作机构结构优化、机器人控制技术、多传感器技术、机器人遥控及监视技术、多Agent机器人控制技术、软机器人技术等若干方面[6]。

工业机器人作为机器人领域的重要分支之一,在现代工业生产中起到了举足轻重的作用[7]。机器人在工业领域的广泛应用,不仅可以提高产品的质量和产量,而且可以将人类从恶劣的工作环境中解放出来,改善劳动环境,减轻劳动强度，提高劳动效率。同时，工业机器人的应用可以极大地降低废品率与成本，提高系统的使用率，带来非常明显的社会经济效益。目前，机器人在工业中主要应用于焊接、切割、喷涂、搬运以及装配等，同时还有向采矿、农业、物流、军事、服务业等其他领域扩展的趋势。

8.2 智能机器人系统应用研究

8.2.1 概况

如何能使机器人具有智能性？目前机器人控制学界仍然一直处在争论和探讨之中。塞尔(Searle)的“中国屋实验”和汉斯莫拉维克(Moravec)的“脑组件更换设计实验”说明必须寻求一种全新的方法来研究机器智能[8]。强人工智能的目标是建造能够思考、拥有意识和感情的机器，是人工智能的最高形式；弱人工智能的目标就是发展研究人类和动物智能的理论，并通过建立工作模型来测试这些理论，模型是帮助理解思维的工具。也有提出异人工智能的研究思路，意欲制造不一定以人类和动物智能为基础的机器。

由于智能系统的高度复杂性，人们就按照传统的科学理念，分别从智能系统的结构、功能和行为三个侧面展开研究。人工智能学科发展到现在，已经是集合了计算机科学、心理学、逻辑学、数学和哲学的交叉学科。在过去半个世纪的发展中，研究的成果已经相当丰富。大多数学者将人工智能的研究方法概括为以下三个学派。

(1) 结构主义研究方法。其基本思想是“通过模拟大脑皮层神经网络的‘结构’特征来复现智能”。通过模拟人的生理神经网络结构来构建智能系统，并不要求世界被重构为一种明确的符号模型。认为人工智能来源于仿生学，特别是对人脑神经网络模型的模拟研究，代表人物有 McCulloch、Pitts、Hopfield、Kohonen、Amari 等[9,10]。

(2) 功能主义研究方法。其基本思想是“物理符号系统含有必要的和充分的智能行为方式”。不关心系统的结构特征，只关心基于符号逻辑的系统功能表现。认为人工智能来源于数理逻辑，基于物理符号系统假设和有限合理性原理，代表人物有 McCarthy、Newell、Simon、Minsky 等[11]。

(3) 行为主义研究方法。其基本思想是“智能无需知识表示和推理”。行为主义是控制论和人工智能结合的结果，智能行为通过在现实世界中与周围环境相互作用表现出来。只关心从感知-动作系统的反应式过程，强调从输入信息到输出动作的并行、直接地映射，代表人物有 Brooks、Akin 等[12,13]。

随着其研究的深入，三种研究方法都产生了可喜的成果。虽然三种研究方法的争论在人工智能领域仍然激烈地进行着，但是可以通过相互融合和集成，取长补短，发挥它们各自的长处。我国学者钟义信从信息处理的角度，提出将“信息-知识-智能转换”作为智能生成的共性核心机制，并将结构主义、功能主义和行为主义在此机制框架下实现了完美的互补和统一，使人工智能的整体理论得到有效的深入和强化。目前关于智能的研究也相应地由符号智能、连接智能、现场智能过渡到社会智能[14]，特别是以智能 Agent 与环境之间的现场交互为研究核心的现场智能正在深入发展。

智能机器人作为实现机器智能的实验平台，其研究工作往往涉及人工智能研究领域的大量内容，通过神经网络、符号推理、模糊逻辑和行为设计等多种理论和方法设计的智能服务机器人，部分已经成功应用到实践中。在智能机器人系统的构建中，这三种机制并存且融合发展，例如，符号主义和连接主义相结合（模糊神经网络和混合专家系统）、行为主义机制和连接机制相融合，呈现出了“集成、综合与互补”的总体特征。

在相关计算智能的研究方法基础上，人们主要采用以下四种方法来研究机器人的智能化，即基于知识的方法（knowledge-based）、基于学习的方法（learning-based）、基于行为的方法（behavior-based）、基于遗传搜索的方法（genetic search）。为了克服传统的这种基于手工智能的智能化研究方法的缺陷，Weng 在 1998 年开创性地提出了机器人 AMD（autonomous mental development）的思想，随后他又在 *Science* 上详述了自主心智发育 AMD 机器人的思想框架与可实现的算法模型，其主要借鉴发展心理学的思想和研究成果，使机器人能在环境中自主地完善和发展基因程序，提高智能水平，为研究机器人的智能化开辟了新的思路[15]。目前，基于 AMD 机制的机器人在国外开展得较好，产生了一些卓有成效的研究成果[16]。国内在这领域的研究较晚，只有复旦大学在视觉发育方面取得了一系列突破性进展[17]。哈尔滨工程大学的于化龙等对发育机器人模型和集成学习算法进行了理论研究，提出了任务驱动发育学习算法（TDD）和发育模型[18]。据报道，2010 年上海世博会的“海宝”机器人具有自主心智发展能力，国内尚未见其他有关 AMD 机器人的学术进展报道。

目前，基于 AMD 机制的机器人研究，已经在世界范围内得到了承认。主要研究集中在发育模型和发育学习两个方面。发育模型主要包括传感器信息获取与预处理模块、特征提取模块、记忆模块和执行模块等研究点；学习机制主要侧重研究用何种方式获得知识，目前的学习算法主要有监督学习、强化学习[19]、沟通学习[20]、可逆学习以及涌现学习这几类。AMD 的过程就是通过学习来增加功能或者改善系统性能的过程。现在，虽然 AMD 机器人的研究还存在很多争论[21,22]，但因刚刚起步，所以充满着许多原创性机遇。

8.2.2 传统研究方法的缺陷

纵观近30年来机器人的发展情况，虽然取得了许多成果，但是离真正的具有认知能力的智能机器人还有很长的路要走。传统的研究主要是从信息流动的角度去分析，对于机器人智能产生的过程研究尚不明确[23]。特别是把学习作为智能机器人的第四种基元，如何融合到体系结构的范式设计当中，还处于争论之中。单向的信息流动和智能产生方法已经不能满足机器人发展的需要。在智能机器人研究领域，至今仍未发生真正的范式变化。

从机器人理论研究的角度来看，缺乏统一的建模理论和工具。与计算机的开放式体系结构发展相比较，开放性(包括可移植性、可扩展性)和可重构性不强，这给系统的分析和设计带来了较大困难，往往要经过“反复优化”和“试错”才能建立系统的最终模型。机器人系统分析和设计缺乏统一的理论指导，是阻碍机器人普及的主要原因。因此，要全方位、立体地从智能、行为、信息和控制的时空分布综合理解智能机器人系统的开放式体系架构。

从机器人工程方面来看，系统构建主要涉及基本模块的选取、模块之间的关系和数据流的确定、通信和接口的协议和规范、局部和全局信息资源的交换和管理以及总体调度机构等各个方面。其中，模块的划分和模块之间的关系决定系统的运行效率和性能。无论从慎思层面或者反应层面，软硬件的耦合和解耦问题以及如何利用这些模块进行问题划分(分解)、整合求解问题以及如何实现基本模块间的合理协调仍然在探索之中。

8.2.3 智能机器人系统的共性

生物研究者发现人脑信息处理符合“古皮层—旧皮层—新皮层”的结构和功能进化规律[24]。智能的内在表现为智能策略(包括想法、意图和目的)，外在表现为智能行为，策略可以在某种条件下转化成行为序列，通过行动去执行。学习能力是人类智能的根本特征，人和动物都是通过学习来适应环境而产生某种长远变化，因此在“通过构造去理解系统”的综合方法论原则指导下，把感知、规划、执行(行动)和学习作为基元，在混合研究范式的基础上来类比生物体的信息处理机制。

问题求解的一个重要环节是寻找看待该问题的正确的抽象模型，因为系统抽象是进行系统分析和设计的基础。虽然要建立像计算机那样的系统架构非常困难，但是可以在抽象的共性框架下，去研究如何构建开放的智能机器人系统。

8.3　开放式机器人智能控制系统应用研究

现代化工业生产和机器人研究要求工业机器人具有更大的柔性和更强大的编程能力,能够适应不同的应用场合和多品种小批量的生产加工任务。计算机集成制造系统(CIMS)要求机器人能够实现和其他自动化设备的集成,共同完成复杂加工任务。为了提高机器人系统的整体运行水平和智能水平,要求机器人控制器具有更加开放的结构,以集成各种外部传感器和融合各种智能控制算法。因此,开放式控制成为当前和今后机器人研究的一个重要方向。目前商品化的机器人控制系统均采用封闭结构的专业控制器,一般采用专用计算机作为上层主控单元,使用专用机器人语言进行离线编程,并将控制算法固化在EPROM中,无法实现灵活的编程和智能控制[25,26]。解决这些问题的根本办法是研究和使用开放结构的机器人控制系统。

8.3.1　开放式控制系统的典型特征

IEEE(Institute of Electrical and Electronics Engineers)对"开放"的官方定义为:开放式系统应满足系统的应用能在不同的平台之间移植,使其与其他系统交互,为用户提供一致的交互方式,开放式系统应该运行在商品化的标准计算机硬件和操作系统上,具有开放的硬件和软件接口以及标准工业用户图形界面[27]。开放式系统要求真实或虚拟的机器人单元与真实的PLC、PC或整个虚拟工厂之间实现信息的无缝通信。开放式系统应该基于标准计算机体系和标准处理器,运行于Windows或UNIX等标准操作系统,采用Visual Basic或Visual C++等标准语言编程,控制软件允许集成各种智能控制算法,同时融合机器人运动学、动力学、I/O控制等子系统。

开放式控制系统作为一个动态发展的概念,在目前控制系统的多种场合得到广泛的应用。总结起来,开放式控制系统应该具备如下特征[26,28]。

(1) 可移植性(portability)。可移植性是指在不同的控制器或硬件平台上运行相同的系统组件的能力。在无须改变系统组件的前提下,可移植性可以有效提高组件的重复使用率,提高了系统的柔性。

(2) 可互操作性(interoperability)。可互操作性是指系统组件之间可以互相协作进行共同工作,这种协作是通过定义一系列的标准数据语义、行为模式、物理接口、通信机制和交互机制来实现的。

(3) 可互换性(interchangeability)。可互换性是指市场上同类产品的互换能力,可以选用具有相同功能但成本较低、容量和可靠性较高的产品,同时又不会引起系统的不兼容等问题。如运动控制卡的选用可依据此原则互换。

(4) 模块化(modularity)。开放式控制系统由一系列的功能模块通过通信方式组成。不同模块之间可以进行数据交互,还可以根据系统功能不断完善和更新模块功能。

(5) 易获得性(availability)。构成开发式控制系统的模块不依赖于某些特定的供应商,其来源可以有多种,功能相似、接口相同的模块都可以实现互换。

8.3.2 基于 PC 的开放式控制系统的实现

开放式控制系统的发展趋势是以通用 PC 硬件平台为基础,采用面向对象的模块化设计思路来构造系统体系结构。PC 系统具备良好的用户图形界面,丰富的软件硬件资源、成熟的控制技术,同时 PC 总线作为一种开放式总线,可以容易地实现不同硬件之间的信息交互,为系统的模块化、开放性和可嵌入式提供了平台,因此 PC 平台成为机器人控制系统的首选[29]。目前针对工业 PC 的开放式控制系统实现模式主要有以下几种。

(1) PC-based 控制模式。该模式又称单 CPU 控制模式。以 PC 为核心,配置实时操作系统,将位置伺服卡、数字 I/O 卡等专业模块插到 PC 插槽中,或以数字伺服接口连接伺服系统和 PLC 控制接口,构成单 CPU 控制系统。系统的开放性增强,但所有任务都交由 PC 完成,从一定程度上影响了系统的实时性能。

(2) PC+DSP 控制卡的控制模式。这种控制模式利用了 DSP 为核心的多轴运动控制技术,又称为主从控制方式[30]。DSP 控制器的主要特点在于它的集成化、兼容性和高速性。PC+DSP 多轴运动控制卡的控制模式充分考虑了 DSP 控制卡的优良性能,将控制任务有效分解。PC 的 CPU 完成系统规划和任务调度等任务,DSP 控制器完成各种轨迹插补、坐标变换等工作,从而有效提高了系统的实时响应能力。

(3) PC+分布式控制器的控制模式。这种模式是一种多 CPU 结构,分布式控制方式,同时融合了 DSP 多轴运动控制技术。上位机负责系统管理以及运动学计算、路径规划等。下位机由多个控制器组成,如 DSP 多轴运动控制器、PLC 逻辑控制器、图像处理卡等,这些控制器通过总线方式实现和主机的通信。这种控制模式能有效提高工作速度和控制性能,但不同控制器的实时任务分配和任务调度比较困难,增加了系统软件设计的难度。

8.4 多机器人系统应用研究

在机器人能力不断提高的背景下,机器人的应用领域也在不断拓展,从工业上用于装备、搬用、焊接等应用工作,到执行海底石油矿物的开采和勘探任务、担任空中侦察的无人机和地面作战的 Sword 战斗机器人、负责处理危险状况如核工业的机器人、进行外科手术的医疗机器人、用于高空作业和室内装潢的建筑机器人，一直到现在国家大力提倡的家庭服务机器人，各行各业都充斥着机器人的身影，盖茨说“21 世纪将是机器人的时代，机器人将会进入千家万户，就像当前的电脑已经融入每个人的日常生活一样”。然而和人一样，单个机器人在很多时候都会显现能力薄弱的一面，如感知方面，其感知的范围必然有限，所以也会影响机器人的决策效果。而在决策方面，单功能可能比较单一(复杂功能的机器人开发成本和代价比较大)，能够完成的任务也可能比较单一，所以引入了多机器人系统，在多机器人系统中每个机器人的功能可以比较简单，设计起来也更加容易，成本也会比较低，但是通过多机器人之间的协调与合作还可以完成单机器人所不能完成的任务。同时，多机器人系统中，一般引入冗余和自由协作机制，当系统内部由于某个或者某些机器人发生局部故障时，其他机器人也可以通过协作和协调实现系统要求的预定任务。引入多机器人，可以并行和并发执行相应任务，还可以提高完成任务的工作效率。总的来说，多机器人系统可以通过共享资源实现单机器人难以达到的优越性，从而提高系统的的可扩充性和鲁棒性。

多机器人系统作为一种包含有协作和竞争技术的群体多机器人系统，它实际上是对自然界和人类社会中复杂社会系统的一种模拟。多机器人协作与控制研究的基本思想就是将多机器人系统看做一个或者是几个集体，甚至是一个社会，从组织和系统的角度研究多个机器人之间的协作机制，从而充分发挥多机器人系统的内在优势。在多机器人系统中，每个机器人不仅具备基本运动技能，而且具有任务分析、路径规划、路径跟踪、信息感知、自主决策等拟人智能行为；更重要的是与其他机器人进行协作完成单个机器人不能完成的任务，例如，机器人足球当中的多个机器人之间为进球和胜利进行的协作，追捕机器人为捕捉猎物而进行的协作，在这过程当中不可避免地需要和对手机器人进行竞争。这个过程中需要解决若干关键技术问题：信息感知和融合、目标识别和跟踪、机器人导航技术、全局和局部路径规划技术、避障技术、通信技术、机器人协作技术和竞争技术[31]。

多机器人系统的研究越来越多地受到机器人学研究人员的重视和青睐，成为当前机器人技术研究的一个重要热点。

8.4.1　多机器人队形控制

机器人队形控制是要求多个机器人在保持预定队形的情况下，自动适应环境的变化，一起到达目标位置的协作行为系统[32]。队形控制在多个场景下得到应用：①多个机器人保持一定队形协作搬运对象；②在军事场合无人机或者地面 UVA 保持队形进行防御和进攻，图 8.1 是 URBOT 在编队进行护航，图 8.2 是美国 DEMO II 计划无人侦察车在野外执行编队侦察作业；③控制卫星的运动从而进行太空探索等。

图 8.1　URBOT 采用护航编队行进图

图 8.2　地面无人侦察车编队作业

目前主要有基于行为法[33]、领队跟随法[34]、图论法[35]及虚拟结构法[36]等四种方法进行队形控制，形成并保持线形、矩形、圆形、三角形、扇形、星形、菱形等系统要求的队形结构。

1）基于行为的方法

在基于行为的方法中，机器人预设很多行为，并且为每种行为定义相应的权值，在行进时，机器人根据传感器获得感知数据，然后建立运动图式，运动图式包括避障、阵形保持、接近目标、漫游等行为，然后结合人工势场法对机器人的运动进行加权，从而控制机器人的队形。该方法的优点是可以快速响应，形成队形，缺点是保持精确的队形非常难而且容易陷入局部最小陷阱。

2）领队跟随法和图论法

该方法中，首先从多个机器人中确定一个领队，领队沿着预定的轨迹运动，其他机器人跟随领队运动，并按照队形结构同领队保持一定的距离。该方法的优点是非常形式规则化，且易于实现，缺点是领队作为核心，如果出现运动错误，将导致整个系统的失败。

3）虚拟结构法

在虚拟结构法中，机器人根据要排列的阵形结构，然后构造出一个虚拟的刚体表示该结构，每个机器人用虚拟刚体上的一个点来表示，利用刚体在运动过程中各位置的相对关系一直保持不变的特征，每个机器人只要时刻跟踪虚拟刚体上的目标点，并保持相应的位置，则整个团队会一直保持相特定的符合刚体形状的阵形，该方法构造的阵形稳定，且精度比较高。但是其缺点是计算代价较大，且机器人在运动过程中必须保持固定的运动模式，不能因环境的实际限制而随意修正或者改变阵形，因此其应用会受到很大限制。

8.4.2 机器人救援

机器人救援是在不断的地震和火灾灾难发生以后，研究人员开始把救援机器人团队系统列入了主要研究对象。目前机器人救援集中在实体组救援和仿真组救援两种形式上。图8.3和图8.4分别是RoboCup实体机器人和仿真机器人救援系统。

图8.3 RoboCup实物救援场景

RoboCup救援仿真平台提供了RCRSS(RoboCup rescue simulation system)系统，该系统包含七种异构类型的机器人，分别为消防队、消防站、医院、医疗队、警察、警察局和市民。除市民外的智能机器人都是需要开发的智能机器人，它们

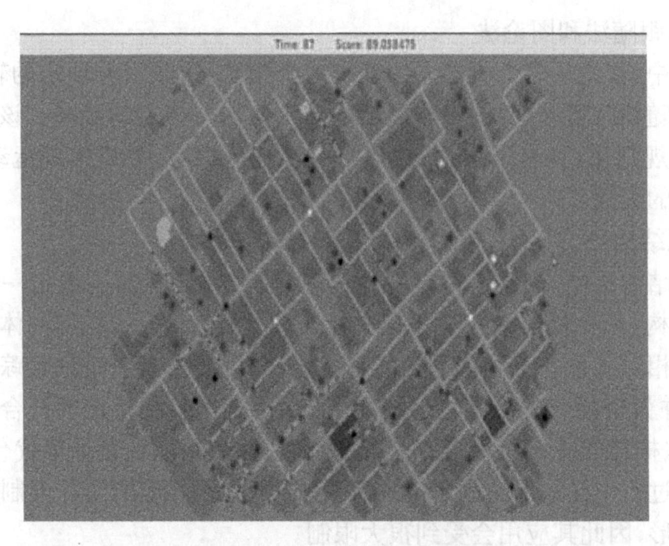

图 8.4 RoboCup 仿真救援场景

负责清理路障、救助伤员和灭火等任务。该系统通过模拟现实世界中如地震或者火灾等城市灾难场景，研究在集中和分布式控制任务分配情况下，在有限带宽的通信的前提下，如何快速智能地进行环境识别、协作智能调度，从而有效减少灾难带来的人员和财产损失。

8.4.3 多机器人追捕问题

多机器人追捕问题是研究在特定的环境、能力、感知条件下一群移动机器人(追捕者机器人)个人独自或者组成追捕联盟去抓捕另一群移动机器人(逃跑者机器人)。追捕问题源于自然界的猎食行为，如群狼捕捉群羊。同机器人足球一样，多机器人追捕系统也是充满合作和对抗的多 Agent 系统，它是研究多机器人协作和竞争的另一个理想问题[37]。在追捕过程中，每个追捕者的周围环境、逃跑的逃跑策略、追逃的形势都在不断变化，如逃跑者被捕获导致逃跑者数量减少、逃跑者的智能躲避、追捕团队(联盟)的建立及解散，这些都要求机器人能够实时感知环境，从而更新自己对环境模型的建立和理解，并能够在必要的时候同其他机器人进行通信，通过给定的经验和不断学习的知识对当前的环境模型进行判断，是继续执行已规划指令，还是即时作出变化、作出新的决策，从而不断满足新的实时对抗的需要。

多机器人追捕问题的研究重点包括如下：①追捕成功条件研究，即在满足约束条件下，追捕机器人可以从理论上实现成功围捕。②未知环境下的环境搜索与地图拼补技术研究，即研究在采用不同的地图形式下，如何开展对逃跑机器人的位置的搜索，并完成多追捕机器人的地图融合，实现共享完整的地图。③多个追捕者围捕一个逃跑者时的协作追捕算法研究，即研究采用什么算法实现给定指标（给定时间追捕逃跑者最多、捉获所有逃跑者所需的总时间最少、抓获单个逃跑者所需时间最少、总追捕能耗等）下，机器人依据追捕代价等因素，开展合作，协同围捕逃跑机器人，从而实现最佳的追捕算法。④多个追捕者围捕多个逃跑者的追捕算法研究，即研究如何形成追捕联盟，实现追捕按照逃跑者的追捕联盟生成算法，并在联盟内部开展多个追捕者围捕一个逃跑者的围捕算法研究。多机器人追捕过程中积累了机器学习追捕过程中，各追捕者的动作密切相关，相互影响。为完成追捕任务，追捕者需要合作，并协调各自的动作避免冲突以达到整体上的一致与最优。

多机器人追捕问题可以应用到广泛的领域，尤其是在军事领域。美国率先开展基于无人机 UAV 和地面无人车 UGA 团队的相关研究，从而在未来战场上代替军队对敌人进行杀伤；在美国海军部和空军部的资助下，Sastry 教授在伯克利校园内部开展了空中、地面机器人团队协作围捕项目研究。图 8.5 是由空中 UAV 和地面 UGV 组成的混合追捕机器人团队合作追捕一个逃跑机器人的实验照片，(a)图中追捕机器人团队由三辆地面无人车 UGV 组成，(b)图显现出来的追捕机器人团队由两台地面无人车 UGV 和一架空中无人机 UAV 构成，其中 UAV 为自己的队友传送视觉信息以辅助追捕行动，而本身不直接参与追捕。

因此，多机器人追捕-逃跑问题[38-43]是在动态环境下至今尚未完全解决的充满对抗的典型协作问题，它也是一个集成导航、机器视觉、传感融合、自动推理、决策规划、无线通信、机器学习和多机器人协调等多个学科和多个研究领域于一体的分布式系统。多机器人追捕问题的研究目标是研究一个机器人团队在对抗环境下满足约束条件下，实现最佳协作策略的方法和途径。

(a)

(b)

图 8.5 Sastry 教授的机器人追捕研究

8.5 总结与展望

8.5.1 总结

多机器人系统的研究涉及智能机器人技术、控制理论、传感器技术及传感信息融合、计算机科学与技术、通信技术、组织行为学、社会学、人工智能、人工生命等多门学科。目前,自主移动机器人、多机器人协调、机器人视觉与计算机视觉、传感信息及其处理等相关学科在理论、技术上都有很大进展,这些都为多机器人系统的研究打下良好的基础。随着社会的发展,机器人应用领域也将不断扩展,多机器人系统的广泛应用将会产生巨大的经济效益和社会效益。

本书以机器人足球系统为研究背景,结合 MAS 中的体系结构以及协调与合作技术,深入研究了多机器人系统的信息融合与协调。本书的主要工作和研究成果有以下几个方面:

(1) 概述了多机器人系统的信息融合以及多机器人协调和合作的研究状况,描述了 MAS 中基于多 Agent 信息融合与协调的研究现状,介绍了机器人足球及其研究进展。

(2) 将多 Agent 的体系结构和协作技术引入到信息融合中,提出了一种基于多 Agent 的信息融合模型,并对多 Agent 协调中的学习和对策进行了研究和分析。

(3) 提出了一种基于多 Agent 的分布式决策融合方法。将多 Agent 的分布式特性以及多Agent解决问题的方法引入分布式决策融合中，利用证据理论及其组合规则设计了一种Agent信息模型，进行局部环境的观测与置信判断，基于TBM思想，构建了一种分布式决策框架，置信层中Agent负责观测局部环境并产生置信判断，融合中心将各个Agent的置信信息融合，得到全局环境的置信信息；决策层的决策中心产生最终的决策判断。最后通过在SimuroSot仿真比赛中的应用，对赛场环境信息及对手态势进行决策分析。

(4) 提出了一种基于分布式强化学习的多Agent协调模型，并给出了相应的算法。针对强化学习在实际系统应用的特点，对强化函数进行了改进，通过引入经验信息和先验知识，在学习系统中构建了基于知识的强化函数。对多Agent环境中的分布式强化学习进行了研究与分析，设计了一种多级模型来解决多Agent协调：协调级完成系统任务的分解与子任务分派，任务级完成各个子任务的执行。最后在SimuroSot仿真比赛中进行了实验，与随机策略进行了比赛，本方法的效果要优于传统的强化学习。

(5) 提出了一种基于Markov对策的多Agent协调框架并给出相应的算法。在对策论的框架下进行多Agent协调，深入分析了Markov对策及其在多Agent环境中的特点，重点研究了MAS中基于敌对平衡与协作平衡的多Agent学习算法。基于多Agent中竞争和合作的关系，划分Agent群体，构建不同的Agent team，采用分层结构处理多Agent协调：利用零和Markov进行Agent群体之间的竞争与对抗，利用团队Markov对策完成Agent群体内部的协调与合作。在SimuroSot仿真比赛的实验中，与固定策略进行了比赛，显示了本方法的有效性。

8.5.2 未来工作展望

本书对基于多Agent的多机器人信息融合与协调进行了深入的研究，取得了一些成果，但还有许多问题有待在今后完善和研究：

(1) 进一步将MAS与信息融合相结合，通过借鉴Agent的模型和协调方法，对信息融合系统的模型与方法进行改进。

(2) 在实时动态的多机器人环境中，利用信息融合来解决不确定性知识的表达以及基于不确定性知识的推理模型及方法。

(3) 在多Agent学习中，通过对实际应用环境中有效信息的综合，设计出更为合理的强化函数，来提高强化学习的应用效果。

(4) MAS中群体的协作学习既要充分体现Agent个体能力的学习，又要具备Agent之间相互协调的学习。因此，通过构建合理而有效的协作模型机制和协作学习算法，是研究多Agent协调的一个重要方向。

(5) 在对策框架下的多Agent协调，本书仅讨论了两个Agent群体之间的对策关系，如果多Agent环境中存在多个Agent群体，则需要借助于更多的理论和方法来进行多 Agent 对策和学习，这也是 MAS 发展面临的一个重要问题。

参考文献

[1] 张毅，罗元，郑太雄. 移动机器人技术及其应用. 北京：电子工业出版社，2007.

[2] Garcia E, Jimenez M A, Santos E G, et al. The evolution of robotics research: from industrial robotics to field and service robotics. IEEE Robotics and Automation Magazine, 2007, 14(1): 90-103.

[3] 雷艳敏. 多机器人系统的动态路径规划方法研究. 哈尔滨：哈尔滨工程大学博士学位论文，2011.

[4] 蔡自兴. 机器人学. 北京：清华大学出版社，2000.

[5] 金茂菁，曲忠萍，张桂华. 国外工业机器人发展态势分析. 机器人技术与应用，2001，(2)：6-8.

[6] 宋伟科. 基于多机器人的开放式智能控制系统关键技术研究与开发. 天津：天津大学博士学位论文，2012.

[7] 徐方. 工业机器人产业现状与发展. 机器人技术与应用，2007，(5)：2-4.

[8] 史忠植. 智能科学. 北京：清华大学出版社，2006.

[9] McCulloch W S, Pitts W. A logic calculus of the ideas immanent in nervous activity. Bulletin of Mathematical Biology, 1990, 52(1): 99-115.

[10] Hopfield J. Neural networks and physical systems with emergent collective computational abilities. Proceedings of the National Academy of Sciences of USA, 1982, 79(8): 2554-2558.

[11] Simon H A. The Sciences of the Artificial. 2nd Ed. Cambridge: MIT Press, 1981.

[12] Brooks R. A robust layered control system for a mobile robot. IEEE Journal of Robotics and Automation, 1986, 2(1): 4-23.

[13] Arkin R C. Motor schema-based mobile robot navigation. The International Journal of Robotics Research, 1989, 8(4): 92-112.

[14] 操龙兵，戴汝为. 开放复杂智能系统基础、概念、分析、设计与实施. 北京：人民邮电出版社，2008.

[15] 谢玮. 智能服务机器人系统的构建方法研究. 哈尔滨：哈尔滨工业大学博士学位论文，2012.

[16] Ridge B, Skocaj D, Leonardis A. Self-supervised cross-modal online learning of basic object affordances for developmental robotic systems. Proceedings of IEEE International Conference on Robotics and Automation, Anchorage, 2010: 5047-5054.

[17] 陈东岳. 具有感知和认知能力的智能机器人若干问题的研究. 上海：复旦大学博士学位论文，2007.

[18] 于化龙，朱长明，刘海波，等. 发育机器人研究综述. 智能系统学报，2007，2(4)：34-39.

[19] Rezzoug N, Gorce P. A reinforcement learning based neural network architecture for obstacle avoidance in multi-fingered grasp synthesis. Neurocomputing, 2009, 72(4/5/6): 1229-1241.

[20] Policastro C A, Romero R A, et al. Learning of shared attention in sociable robotics. Journal of Algorithms, 2009, 64(4): 139-151.
[21] Stoytchev A. Some basic principles of development robotics. IEEE Transactions Autonomous Mental Development, 2009, 1(2): 122-130.
[22] Zhengyou Z. Autonomous mental development: a new interdisciplinary transaction for natural and artificial intelligence. IEEE Transactions on Autonomous Mental Development, 2009, 1(1): 1-2.
[23] 王作为. 具有认知能力的智能机器人行为学习方法研究. 哈尔滨:哈尔滨工程大学博士学位论文, 2010.
[24] 中国科学技术协会. 2009—2010 智能科学与技术学科发展报告. 北京:中国科学技术出版社, 2010.
[25] Yang C W, Demazo B N, Robert J. Open architecture controls for Precision machine tools. Proceeding of Mechanism and Controls for Ultra Precision Motion, 1994, (4): 6-8.
[26] Schilb C J, Fiedler P J. Open architecture systems for robotic work cells. Robotics Today, 1998, 11(4): 1-4.
[27] Danirl C, Prischow G, Junghans G, et al. Open system controllers: a challenge for the future the machine tool industry. Annals of the CIRP, 1993, 42(1): 15-26.
[28] 周学才, 等. 开放式机器人通用控制系统. 机器人, 1998, 20(1): 25-30.
[29] 马琼雄. 基于 IPC 的开放式工业机器人控制系统研究. 机电产品开发与创新, 2008, 21(1): 15-17.
[30] 吴传宇. 基于 PC+DSP 模式的开放式机器人控制系统及其应用研究. 杭州:浙江大学博士学位论文, 2002.
[31] 方宝富. 多机器人追捕关键技术研究. 哈尔滨:哈尔滨工业大学博士学位论文, 2013.
[32] Zhang M, Shen Y, Wang Q, et al. Dynamic artificial potential field based multi-robot formation control. Proceedings of Instrumentation and Measurement Technology Conference (I2MTC), Austin, 2010: 1530-1534.
[33] Sérgio M, Estela B. Attractor dynamics approach to formation control: theory and application. Autonomous Robots, 2010, 29(3/4): 331-355.
[34] Hernandez-Martinez E G, Bricaire E A. Non-collision conditions in multi-Agent virtual leader-based formation control. International Journal of Advanced Robotic Systems, 2012, 9(1): 22-32.
[35] Desai J P. A graph theoretic approach for modeling mobile robot team formations. Journal of Robotic Systems, 2002, 19(11): 511-525.
[36] Ahmed B, Ounis A, Laurent L, et al. Navigation of multi-robot formation in unstructured environment using dynamical virtual structures. Proceedings of IEEE/RSJ 2010 International Conference on Intelligent Robots and Systems (IROS), Taipei, 2010: 5589-5594.
[37] Wang H, Ding L, Fang B F. Pursuers-coalition construction algorithm in multi-robot pursuit-evasion game. Robot, 2013, 35(2): 142-150.

[38] Andreas K, Stefano C. Multi-robot pursuit-evasion without maps. IEEE International Conference on Robotics and Automation(ICRA), Anchorage, 2010: 3045-3051.

[39] Isaacs R. Differential Games: A Mathematical Theory with Applications to Warfare and Pursuit, Control and Optimization. New York: Wiley, 1965.

[40] Aigner M, Fromme M. A game of cops and robbers. Discrete Applied Mathematics, 1984, 8(1): 1-12.

[41] 苏治宝,陆际联,童亮. 一种多移动机器人协作围捕策略. 北京理工大学学报, 2004, 30(5): 403-406.

[42] 付勇,汪浩杰. 一种多机器人围捕策略. 华中科学大学学报, 2008, 36(2): 26-29.

[43] Jin S, Qu Z. Pursuit-evasion games with multi-pursuer vs. one fast evader. Proceedings of the 8th World Congress on Intelligent Control and Automation, Jinan, 2010: 3184-3189.